# 橄榄丰产
## 优质栽培技术

佘文琴 主编

中国农业出版社
北 京

主　　编　　佘文琴

编著人员　　佘文琴　　潘东明　　艾洪木

　　　　　　许长同

# 前　　言

　　橄榄原产于我国南方，是我国特有的热带、亚热带果树，其果品鲜食、加工均宜。鲜果不但营养丰富，且具抗菌消炎、清凉解毒、清咽利喉、消食化积、解酒护肝、降脂补钙、抗氧化、消除口臭等药用价值和保健功能。在传统生产上，橄榄果实一般用于加工，但近十年来，鲜食橄榄（俗称甜橄榄）异军突起，因其果肉纤维少、入口较细脆、无涩味、有香甜味等特点，深受消费者的喜爱。目前甜橄榄是种植发展的主要品种，也是我国橄榄生产发展的新热点。为了促进橄榄丰产优质高效发展，特编写此书。

　　本书总结了近年来橄榄丰产栽培的最新科技研究成果和生产经验，介绍了我国福建、广东橄榄主产区的主栽品种，苗木繁殖，生长发育与结果习性，生长环境条件，橄榄园建立，土肥水管理，整形修剪，病虫害防治，果实采收，采后贮藏保鲜，果树新技术应用，优质丰产栽培管理等方面的内容。希望对广大读者有所帮助。

　　本书编写本着先进、科学、实用的原则，内容丰富，深入浅出，结构合理，层次鲜明，材料新颖，适合农业技术人员、相关农业院校师生、广大生产者及经营者阅读参考。

　　本书作者都是从事果树研究的科研工作者，积累了不少生产上的宝贵经验。经作者一年多的文字整理，使得本书得以出版发行。此外，本书所引用的相关书籍和已公开发表的论文的部分数据和资料，由于篇幅的关系未能一一列出。

　　最后，限于作者水平，不足之处在所难免，敬请广大读者提出宝贵意见。

佘文琴

2020 年 3 月

# 目　　录

# 概　　述

　　橄榄和乌榄在我国有着悠久的栽培历史，具有重要的经济价值。俞德浚认为，作为果树栽培的有橄榄和乌榄2个种，其余仍为野生。橄榄又称白榄、青果、黄榄、山榄，产于亚洲及非洲热带亚热带地区。橄榄富含黄酮和多酚类物质、膳食纤维、氨基酸，及蛋白质、脂肪、维生素C、碳水化合物、胡萝卜素等化学成分，具有抗氧化、抑菌、消炎、抗癌、保肝等功效。

## （一）经济价值

　　橄榄的根系深广，对土壤适应性广，耐旱性强，寿命长。江河两岸、缓坡山地都可种植，小树嫁接后2～3年开始挂果，初产期单产达3 750～6 750千克/公顷，进入盛产期后可达30～45吨/公顷。福建闽侯上街有1株大长营品种橄榄，生长在沙质红壤土上，树龄80多年，生长旺盛，树势强健，树高18多米，树冠14米×17.5米，干粗2.6米，1980年产量957千克。惠圆1号母树，位于闽侯上街闽江岸边洲地，树龄200多年，树叶繁茂，生长旺盛，树高20多米，树冠18米×18.5米，干粗2.3米，1980年产量500千克。

　　橄榄不但具有丰富的营养价值，也具有很高的药用价值，有益于人体健康。据《本草纲目》记载："橄榄果实味涩性温，无毒，生食、煮饮消酒毒；嚼汁咽之，治鱼鲠；生啖、煮汁能解诸毒；开胃下气，止泻，生津液止烦渴，治咽喉痛，咀嚼咽汁，能解一切鱼鳖毒"。此外，新鲜橄榄还可预防白喉、解煤气中毒，食之能消热解毒，化痰消积。广东一些地方还用橄榄与肉类炖汤，作为保健食品，橄榄还有舒经活络等保健功效。特别是橄榄中富含的多酚类物质，不仅具有特异的抗逆、抗氧化等生物学活性，还可加工成医药保健类食品和化妆品，因此近年来被人称为"第七类营养素"。

橄榄果肉富含营养物质，据分析，每 100 克果肉含蛋白质 0.77～1.2 克，脂肪 6.55 克，碳水化合物 5.6～12.0 克，钙 204～400 毫克，维生素 C 21.12～39.89 毫克，类胡萝卜素 7.52～8.05 克；全糖 1.67%～5.10%，还原糖 0.49%～0.75%，有机酸 0.97%～1.55%，单宁 2.57%，可溶性固形物含量 11.21%～14.25%。鲜果食用时，初感味涩微苦，渐觉回甘无穷，爽口清香，古人称之为谏果，借喻忠言逆耳、良药苦口。

橄榄果实除鲜食外，还可加工成多种凉果，如和顺榄、脆皮榄、五香榄、十香果、玫瑰橄榄、桂花橄榄、大福果、爱尔香、去皮酥、拷扁榄等。这些凉果食后能助消化，开胃下气，深受国内外消费者的喜爱，是广东、福建等省出口凉果的主要品类之一。橄榄果汁、复合饮料、果酱、果酒以及含片都已开发成功，其制品也逐步投入市场。

橄榄花粉是驱除疲劳的保健品。据分析，其蛋白质含量达 19.2%、总糖 22.1%、水解氨基酸总含量 23.3%、游离氨基酸 562.9 毫克/千克，同时还含有 10 种维生素和磷、钙、锌等多种人体所需的矿物质，其中维生素 C 含量达 3.54 毫克/千克。此外，橄榄果核可以雕刻成工艺品，还可以制成活性炭。

橄榄叶提取物中主要成分为环烯醚萜类苦涩物质，其活性最高的为橄榄苦甙和羟基酪醇，其广泛用于保健品和化妆品。

橄榄生产具有风险小、投入低、产量高、效益长等优点，是山区利用山地发展三高农业的好树种。同时橄榄树姿优美、终年常绿，可作绿化树种，美化环境，具有较高的生态效益。

## （二）栽培历史与分布

**1. 橄榄栽培历史**　橄榄在我国栽培历史悠久，北魏《齐民要术》中就有关于橄榄的记载。南北朝以前成书的《三辅黄图》载：
"汉武帝元鼎六年……起扶荔宫，以植所得奇草异木。龙眼、荔枝、
槟榔、橄榄……皆百余本"。可见早在汉代已栽培，至今最少2 000
多年。据《珠江三角洲农业志》介绍，"公元一世纪，粤人杨孚著
一本《异物志》，把广州附近生长的荔枝、橘、枸橼、芭蕉、稔
（阳桃）、橄榄、余甘、益智、枳等果树性状、用途以及采摘方法
等，都作了扼要的记述，说明那时对于果品的价值、栽培意义，已
有相当的认识"。

**2. 橄榄的分布**　　橄榄原产于我国，是我国南方特有的热带亚
热带果树之一。世界橄榄以我国为最多，国内以福建、广东最多，
重庆、四川、云南、广西次之，浙江、海南、台湾有少量栽培。

福建以闽侯、闽清、诏安、南安、福安、莆田、永泰、仙游种
植较多。全省种植面积1.2万公顷，总产近13.9万吨，其中以闽
侯、闽清的栽培面积和产量为最多。

广东以普宁、揭西、广州市郊萝岗等地、增城、博罗、潮州、
惠来、潮安、阳江、阳春、信宜、茂名、高州等地较多。普宁种植
面积3 000多公顷，总产4 000吨。

重庆是近年来发展起来的新兴产区，主产区在江津区石蟆镇，
紧邻四川橄榄产区合江县，两县区合起来统称西南橄榄产区，该区
现种植面积0.65万公顷，年产量1万吨。

## （三）生产上存在的主要问题与解决途径

目前，橄榄生产上存在的主要问题有：品种品系繁多，良莠不
齐，缺乏良种区域化生产；实生繁殖为多，栽培管理粗放，投产
迟，单产低，品质优劣不一；大小年现象严重，收益不稳定；加工
品花色品种单一，工艺更新较慢。

今后各地应根据实际情况，采取相应措施加以解决。首先，应
根据市场需求，加强优良鲜食品种的选育和良种繁育管理工作，逐

步实现良种区域化；第二，采用营养袋育苗，研究推广适宜嫁接方法，培育良种壮苗；第三，推广"五新"，科学管理，采用矮化、密植、早结栽培新技术；第四，加强橄榄贮运保鲜和加工新工艺研究开发，促进橄榄的产业化持续发展。

# 一、种类和品种

## （一）种类

橄榄是橄榄科（Burseraceae）橄榄属（*Canarium* L.）植物，又名黄榄、青榄等，是被列入国家药典的药食两用果树，在福州素有福果之称，是福州市的五大果树之一。橄榄有同名异物油橄榄[*Olea europaea* L.（*O. oleaster* Hoffmgg et LK.，*O. Sativa* Rong）]和斯里兰卡橄榄（*Elaeocarpus seratus* L.），虽然也叫橄榄，但不属于橄榄科，而分别属于木犀科和杜英科，我国也有少量栽培。

橄榄科植物有16属500余种，分布于南北半球热带、亚热带地区。我国有3属13种，分布于四川、云南、广东、广西、福建和台湾等省（自治区），作为果树栽培的仅有橄榄属植物。

橄榄属约有100余种常绿乔木植物。曲泽州认为，本属有栽培和野生种果树30多种，主要的有26种（表1）。

**表1　26个主要橄榄种类**

| 品种 | 拉丁学名 | 品种 | 拉丁学名 |
| --- | --- | --- | --- |
| 白榄 | *C. album*（Lour.）Raeusch. | 菲律宾榄 | *C. ovatum* Engl. |
| 乌榄 | *C. pimela* Koenig | 小叶榄 | *C. parvum* Leenh. |
| 爪哇橄榄 | *C. amboinensis* Hook. | 多叶榄 | *C. polyphyllum* K. Sch. |
| 方榄 | *C. bengalense* Roxb. | 紫色橄榄 | *C. purpuroscens* Benn. |
| 爪哇榄 | *C. commune* L. | 红榄 | *C. rufum* Benn. |
| 细齿榄 | *C. denticulatum* Blume | 侧榄 | *C. secundum* Benn. |

（续）

| 品种 | 拉丁学名 | 品种 | 拉丁学名 |
| --- | --- | --- | --- |
| 非洲橄榄 | *C. edule* Hook f. | 滇榄 | *C. strictum* Roxb. |
| 大花橄榄 | *C. grandiflorum* Benn. | 毛叶榄 | *C. subulatum* Guil. |
| 海滨榄 | *C. littorale* Blume | 越南橄榄 | *C. tonkinense* Engl. |
| 吕宋榄 | *C. luzonicum*（Bl.）Gray | 普通橄榄 | *C. vulgare* Leench. |
| 马六甲橄榄 | *C. moluccanum* Blume | 韦氏榄 | *C. williamsii* C. B. A. |
| 黑榄 | *C. nigrum* Engl. | 云南榄 | *C. yunnanense* Huang |
| 小榄 | *C. nitidum* Benn. | 锡兰榄 | *C. zeylanicum* Blume |

其中分布在我国的橄榄有 7 种：

**1. 白榄** 即橄榄，别名山榄、黄榄、青果。常绿乔木，高 10～20 余米，有胶黏性芳香树脂；小枝髓部周围有柱状维管束，有时在中央亦有若干维管束。叶互生，奇数羽状复叶，长 15～30 厘米，有小叶 7～13 枚；小叶对生，纸质至革质，披针形或椭圆形，长 6～14 厘米，宽 2～5 厘米，先端渐尖，基部楔形，偏斜，网脉在叶片两面均明显，无毛或在叶背脉上散生少数刚毛，叶背网脉上有小瘤状突起。花小，单性或杂性，花序腋生，微被茸毛至无毛；雄花序为聚伞状圆锥花序，长 15～30 厘米，多花；雌花序为总状，长 3～15 厘米，少花；花萼杯状，3～5 裂，长 2～3 毫米；花瓣 3～5 枚，白色，芳香，长 4～6 毫米；雄蕊 6 枚，无毛，着生于花盘边缘，雄花的花丝基部大部分合生，雌花的花丝基部全部合生；雄花的花盘球形，雌花的花盘杯状；雌蕊密被短柔毛，子房 2～3 室，每室有胚珠 2 枚，雄花的雌蕊细小或缺。果序长 3～20 厘米，具 1～50 果，果实卵形至纺锤形，长约 3 厘米，幼时绿色，成熟后为黄绿色，外果皮厚，有皱纹；果核两端锐尖，横切面圆形至六角形，内有种子 1～2 粒。

栽培种，主产于福建、广东、重庆、四川，在云南、广西、海南、浙江、台湾也有分布。

**2. 乌榄** 别名木威子、黑榄。常绿乔木，高 10～16 米，小枝髓部周围及中央有柱状维管束。叶较大，长 30～60 厘米，有小叶 9～13 枚，小叶长 6～17 厘米，宽 4～7 厘米，叶脉在叶面凸起，在叶背面平滑。聚伞圆锥花序腋生，无毛。雄花花萼长 2.5 毫米，明显浅裂，花瓣长约 6 毫米，花丝近一半合生，雌蕊缺；雌花的花萼长 3.6～4 毫米，浅裂或近平截，花瓣长约 8 毫米，花丝一半以上合生，雌蕊无毛。果序长 8～35 厘米，有果 1～4 个，果具长柄，果熟时紫黑色，卵圆形，长 3～4 厘米，横径 1.7～2 厘米，单果重 6～19 克，外果皮较薄，果核两端钝，横切面近圆形，种子 1～2 粒。

栽培种，主产于广东，在福建南部、广西也有分布。

**3. 方榄** 别名三角榄。乔木，高 15～25 米。小枝髓部厚，周围有封闭的柱状木质部束。叶柄上叶腋处有托叶，钻形，被柔毛，早落，但托叶痕凸处可见。小叶 11～13 枚，极稀 21 枚，长圆形至倒卵披针形，长 10～20 厘米，坚纸质，顶端骤狭渐尖，基部圆形，偏斜，边缘波状或全缘。花序腋生，雄花序为狭聚伞圆锥花序，长 30～40 厘米。果序腋上生，距叶柄基部 2～3 厘米，或腋生总状，长 5～8 厘米，具果 1～3 粒。果绿色，纺锤形，具 3 凸肋，或倒卵形具 3～4 凸肋，长 4.5～5 厘米；果核急尖至钝或下凹，横切面锐三角形至椭圆形，种子 1～2 粒。

野生种，产于中国广西、云南。生长于海拔 400～1 300 米杂木林中。印度、缅甸、泰国及老挝等国家也有分布。果可食，种子可制肥皂或作润滑油。

**4. 小叶榄** 灌木或小乔木，高 3～8 米。小枝髓部周围具维管束，中央无维管束。小叶 5～9 枚，无托叶，纸质至坚纸质，卵形，椭圆状卵形至近圆形，长 4.5～8.5 厘米，先端骤狭渐尖，基部圆形至楔形，偏斜，全缘，下面被短柔毛。花序腋生，雄花序为狭的聚伞圆锥花序，长 4.5～9 厘米；雌花序总状，长 3～7 厘米，少花。果序长 4～11 厘米，略被灰色柔毛，具 1～4 果，果黄绿色，纺锤形，两端锐尖，横切面呈锐三角形，长 3～3.5 厘米；种子1～2 粒。

野生种，产于中国云南河口，生长在海拔 120～700 米湿润山谷杂林中。也分布于越南。

**5. 滇榄** 别名漾蕊，漾短。大乔木，高达 50 米。小枝幼时密被锈色绵毛，后渐脱落，髓部具周生的柱状维管束，中央有散生维管束。一般无托叶，偶尔稀有，但极早落，生于叶腋的枝干上。小叶 11～13 枚，卵状披针形至椭圆形，长 10～20 厘米，坚纸质至革质，先端渐尖，基部阔楔形，偏斜，边缘具细圆齿或呈微波状。花序腋生，有时集为假顶生，雄花序常为狭聚伞圆锥花序，长 15～40 厘米，雌花序常为总状，长 7～20 厘米。果序长 10～20 厘米，有果 1～3 粒，果具柄，倒卵圆形或椭圆形，横切面近面圆形至圆三角形，两端钝，长 3.5～4.5 厘米；果核光滑，肋角钝。

半栽培或野生种，产于中国云南西双版纳，也分布于印度及缅甸北部。果可生食。种子可榨油。树脂棕褐色，状如松脂，可人工采割，用以点灯照明。

**6. 毛叶榄** 乔木，高 20～35 米。小枝髓部在周生柱状维管束。枝和叶柄的结合处或叶柄之下 1 厘米处，有托叶，钻形至线形，被茸毛。小叶 4～11 枚，广卵形至披针形，长 9～18 厘米，纸质至革质，先端渐尖，基部圆形至楔形，有时偏斜，边缘有浅细齿或呈浅波状，两面多少被有柔毛，稀近无毛。花序腋生；雄花序为稀疏的聚伞圆锥花序，长 7～25 厘米，雌花序为总状花序，长 8～10 厘米。果序长 2.5～8 厘米，具 1～4 果，被绒毛；果卵形或椭圆形，长达 4.5 厘米；果核横切面圆三角形；种子 2 或 3 粒。

野生种，产于中国云南西双版纳及双江，生长于海拔 450～

1 500米季雨林或沟谷疏林中，越南、泰国、柬埔寨等国也有分布。

**7. 越南橄榄**　别名黄榄果。常绿乔木，高15～20米。小叶11～15枚，坚纸质至革质，卵圆形或长圆形，长13～20厘米，宽6～8厘米，先端骤狭渐尖，基部圆形，不等侧，全缘，下面有极细小瘤状突起。花序腋上生（距叶柄基部2～3厘米），长20～30厘米；花3朵，单性，雌雄异株。果序长30厘米，几乎无毛，核果椭圆形，两端钝，长3.2厘米，外果皮薄；果核横切面圆三角形，核盖具不明显的中肋；种子1～2粒。

产于云南，栽培或野生，分布于越南。用途同乌榄。

在中国主要栽培的橄榄有两种，即白榄（俗称橄榄）与乌榄，福建省栽培的多是橄榄，广东省以乌榄栽培为主。其在形态学与生长环境上存在着差异。

橄榄与乌榄植物学形态相似，其差异如下：与乌榄相比，橄榄的叶、花、果较小，小叶片也较少，一般11～15片，乌榄小叶片15～21片；橄榄叶脉不如乌榄明显，叶背的网状脉较乌榄突出，且有小瘤状突起；橄榄花序通常与叶等长或略短，花期较迟，乌榄花序较叶长，花期较早；橄榄果实成熟时黄绿色，后变黄白色，有皱纹，乌榄果成熟时紫黑色，表面平滑；橄榄果核较短小，两端尖锐，横切面圆形至六角形，乌榄果核较长大，两端皆钝，核面较光滑，横切面近圆形；橄榄可鲜食，风味独特，亦可加工，乌榄不能鲜食，专供制橄榄豉用于做菜。

除此之外，橄榄与乌榄对生长环境条件要求也有不同。橄榄生长一般要求年均温在18～20 ℃，而乌榄年均温要求在20～22 ℃。橄榄要求年降水量1 200～1 600毫米，乌榄在1 500～2 000毫米即可进行正常的生长和发育。对土壤的要求上，橄榄对土壤的适应性范围较乌榄广。江河沿岸到丘陵山地，冲积土或红黄壤土都可种植，但黏重的水稻土或地下水位较高的烂泥土，均不适宜种植，尤忌盐碱性土壤。

## (二) 橄榄主要品种

橄榄，即白榄，主要分布于福建、广东，次为重庆、四川、广西也有栽培。福建是我国橄榄分布最多的省份，福建省主要栽培的橄榄大部分用于加工，但近 10 年来，鲜食橄榄异军突起，以高效益为果农创造出财富。福建闽清县梅溪镇梅埔村成为鲜食橄榄专业村，福建鲜食橄榄以福州的檀香、莆田的糯米榄为代表。近年来，选育、筛选出一些适宜鲜食的优良品种和单株，如清榄 1 号、梅埔 2 号、灵峰 1 号等。橄榄在不同生态环境中，经过自然选择和人工长期栽培形成了适应于各地栽培的地方品种，品种资源极其丰富，有待开发选育利用。

**1. 福建主要品种（系）**

（1）鲜食品种（系）

①清榄 1 号（俗称小个仔）：嫁接繁殖。原产福建省闽清县梅溪镇梅埔村，2014 年通过福建省果树新品种认定。该品种树姿直立，树冠半圆形，中心主干明显；枝条灰褐色。奇数羽状复叶，叶基楔形，尾急尖，叶缘微波浪形，叶不对称；果实卵圆形，果皮光滑，绿黄色，果基广平，与果蒂连接部黄色，果顶尖圆，果可食率84%；果核黑褐色，棱明显，偶有三棱；肉脆而细嫩，化渣，清香有甜味，回甘强而持久，鲜食，品质上等。

②檀香：传统鲜食品种，嫁接繁殖。原产于福建闽清县安仁溪村，主产闽清，1984 年通过福建省果树新品种认定。叶为羽状复叶，不对称，小叶 12～17 片，对生或互生，短椭圆形，全缘，尾尖。果卵形，果皮深绿色，果顶圆突，花柱残存有黑点，果形大小匀称，外观美，味香质脆，纤维少，食后余味清甜，品质上等，可食率约 78%。但果实较小，平均单果重 7.65 克。该品种果实基部圆平或微凹，有明显的褐色放射状条纹，俗称"莲花座"，这是鉴别本品种的主要特征之一。

③福榄1号（俗称大个仔）：嫁接繁殖。原产于闽清县梅溪镇梅埔村，2012年通过福建省果树新品种认定。该品种肉质脆，化渣，风味微甜，回甘浓。果实单果重9.5～12.6克，可溶性固形物含量9.9%～11%，粗纤维3.6%，可食率78%。适宜鲜食。

④梅埔2号：嫁接繁殖。优良单株，原产于闽清县梅埔村。果小，纵横径平均1.80厘米×3.53厘米，单果重6.7克，可食率81.49%；果实梭形，果皮光滑，青绿色，果基狭长，与果蒂连接部黄色，果顶尖突，花柱残存黑点；核黄褐色、梭形，棱不明显，纵横径平均0.98厘米×3.47厘米；果肉乳黄色，肉质松脆而细嫩，化渣，清香有甜味，回甘强而持久，鲜食上等，是目前综合性状表现最好的鲜食优良品系。

⑤灵峰1号：嫁接繁殖，优良单株。原产于闽侯县白沙青年果场。果实长梭形，果顶尖圆，沟纹明显，果基尖峭，无散射线，果基和果面沟纹不明显，果皮黄绿色，光滑。果核棕褐色，纺锤形。单果重11.1克，可食率85.23%，可溶性固形物含量13.77%，总糖含量8.39%。果肉黄色，质地细嫩，果肉有香气，无涩，回甘好，是目前最佳的鲜食品种。

⑥霞溪本：传统品种，嫁接繁殖。原产福建莆田西天尾镇溪白霞溪村。生长势强，枝条直立，叶为羽状复叶，小叶长椭圆形，先端较尖较小而薄，果实长纺锤形，两端尖而长，顶部较突出，腰部肥大，果蒂短小，果基部有褐色呈血丝状的短条纹，果皮淡黄色，果面光滑有光泽，平均单果重7.6克，可食率78.3%，果肉黄色，组织细致，味香甜，微涩，嚼后回甜，稳产高产。

⑦糯米榄：传统品种，嫁接繁殖。原产于福建莆田、仙游。果实小，单果重5.5克，椭圆形，两端较尖，纵径3.44厘米，横径1.76厘米。果皮有光泽，成熟时黄白色。果肉白色，质地细致，纤维少，汁较多，有香味，回甜好，可食率76.5%，鲜食上品，但不耐贮藏。

⑧福榄 2 号：2005 年于福建省闽侯县白沙镇马坑村发现的橄榄实生优良单株。单果质量 8.4 克，11 月上旬成熟，果实卵圆形，果色黄绿，果基部圆突，果顶钝突，有放射状条纹，果肉黄白色，果实肉质脆，易化渣，风味淡甜，回甘效果好，可溶性总糖含量 5.1%，可溶性固形物含量 12.5%，鲜食品质优。

⑨马坑种：于福建省闽侯县攀岐果园的檀头芽变株系中发现的优良单株。单果质量 7.3 克，11 月中旬成熟；果色青中带黄，甘涩，化渣，回甘效果好，可溶性固形物含量 10.60%，可溶性总糖含量 4.1%，适宜鲜食。

⑩甜榄 1 号：嫁接繁殖，优良单株。原产于闽清县梅溪镇新民村，2003 年发现的实生优良单株。单果重量 5.5 克，11 月中下旬成熟，果实梭形，果顶尖突，果基略尖突，果皮黄绿色；肉质嫩脆，较易化渣，风味香甜，回甘好，可溶性固形物含量 11.9%，可溶性总糖含量 2.5%，无苦涩味，适宜鲜食。

（2）加工品种（系）

①惠圆 1 号：嫁接繁殖。原产闽侯县上街镇岐头村，2011 年通过福建省果树新品种认定。该品种树姿开张，树冠圆头形，中心主干明显；羽状复叶，叶全缘，尾尖，叶不对称，叶柄斜偏，长宽 14.5 厘米×5.3 厘米，长椭圆形；果大，近圆形或广椭圆形，果皮光滑，青绿色，果基部圆平或微凹，有放射状条纹，与果蒂连接部黄色，果顶浑圆，果实纵横径平均 3.73 厘米×2.96 厘米，单果重 18.69 克，可食率 81.60%，果肉黄白色，肉细嫩松软汁多，化渣，味香无涩，有回甘。

②惠圆 2 号：嫁接繁殖。原产闽侯县甘蔗镇三英村，2014 年通过福建省果树新品种认定。该品种树姿开张，树冠圆头形，中心主干明显；新芽和嫩枝绿色，成熟后逐渐变为褐色，老枝灰色；分枝能力较强，顶端优势明显，合轴分枝；羽状复叶 10～15 片互生或对生，叶全缘，尾尖，叶不对称；果特大，广椭圆形，果皮光

滑，浅绿色，果基部圆平，果顶浑圆，果实纵横径平均 4.33 厘米×3.46 厘米，单果重 25.86 克，可食率 80.9%，果肉黄白色，肉较粗汁多，化渣一般，无回甘。核短棱形，中部肥大，棱明显。

③惠圆：嫁接繁殖。福建闽江流域惠圆系列品种。羽状复叶，有小叶 10～15 片互生或对生，长椭圆形，尾尖，全缘。果皮黄绿色，果面光滑，果色淡黄，果基平或微凹，有放射状条纹，果顶浑圆，果呈纺锤形或广椭圆形，果实较大，平均单果重 17.11 克，质地松软，纤维少，汁多味浓且无涩味，可食率在 85% 左右，稳产高产，较适于加工蜜饯。

④大粒黄（大长营）：福建闽江流域长营系列品种，羽状复叶，有小叶 10～15 片互生或对生。果长棱形，果皮黄色，果大且长，平均单果重 12.34 克，可食率 78.2%，但果肉粗硬，纤维多，味淡且涩，常用于盐渍加工。

⑤自来圆：惠圆的实生变种，有黄皮自来圆和青皮自来圆两种。黄皮自来圆果皮淡黄色，平均单果重 11.69 克，可食率 82.77%。青皮自来圆，果小，果皮青绿色，平均单果重 9.86 克，可食率 80.01%。自来圆果实卵圆形或椭圆形，果基钝突，果顶圆突，肉质较粗硬，香味较浓，单株产量比惠圆高一些，实生栽培后代变异性相对较小。宜加工成蜜饯。

⑥青皮长营：福建闽江流域长营系列品种，树体性状同大长营。果呈细长棱形，果皮青绿色，果比黄皮长营小，平均单果重 5.08 克，可食率 72.2%，纤维多，味涩无香。

⑦黄肉长营：福建闽江流域长营系列品种，羽状复叶，有小叶 10～15 片互生或对生。果皮淡黄色，果棱形，较小，平均单果重 6.31 克，果肉黄色，可食率 73.4%，果肉较细，纤维少，味香甜，品质较好。

⑧黄皮长营：福建闽江流域长营系列品种，树体性状同大长营，果长棱形，果皮淡黄色，果较大长营小，平均单果重 8.32 克，

可食率81.8％，果肉粗硬，味涩少香，常用于加工。

⑨长营：福建闽江流域长营系列品种，树体性状同大长营。果梭形，果皮淡黄绿色，平均单果重9.02克，可食率78.4％，纤维多，味淡且涩，宜加工蜜饯。

⑩檀头：系檀香实生后代。羽状复叶，有小叶13～17片互生或对生，长椭圆形，尾尖，全缘。果卵形，果皮光滑，青绿色，果顶圆突，花柱残存有黑点，果实较小，平均单果重5.23克，果肉淡黄色，可食率74.6％，肉质较粗，纤维多，有微涩，品质不及檀香。

⑪丁香榄：产地为福安，果实长椭圆形，纵径3.71厘米，横径2.25厘米，单果重7.5～8.0克。果皮黄绿色。果肉脆，化渣，有香味，可溶性固形物含量11％。核重2.2克，可食率78.0％。成熟期11月上旬。

（3）鲜食加工两用品种（系）

①刘族本：产于福建莆田。果皮光滑，果色黄绿，但从果实基部到果顶有不明显的浅褐色条纹，果实纺锤体，两端尖而长，平均单果重7.63克，可食率81.5％，质地较粗，味较涩，但耐贮运，鲜食加工皆可。丰产且隔年结果不严重。

②公本：原产于福建莆田华亭镇走马亭村。树势高大，生长旺盛，小叶长椭圆形，先端急尖，基部半圆形，全绿，叶背光滑，浅绿色。果实立冬前后成熟，属晚熟品种。果实卵圆形至棱形，两端稍尖，中间较大。果皮平滑，绿黄色，略有果粉，果肉黄色，果较小，平均单果重5.48克，可食率77.6％，果脆汁多，纤维少，风味好，嚼后回甜，适于鲜食和加工，丰产但隔年结果严重。

③白沙甜榄1号：从实生长营品种筛选的优良单株，树形开张，树势强，树冠圆头形；芽尖不裸露，主干灰褐色；叶面深绿色，叶背面黄绿色，叶片平展，有光泽，叶尖长尾尖状，叶基部偏斜形，叶缘微波浪形，小叶质地薄软，披针形，叶长7.3厘米左右，小叶宽2.4厘米左右，复叶平伸，复叶主轴长14.4厘米左右，

小叶平均 5.2 对，对生；果实纺锤形，果顶锐尖，沟纹不明显，果基尖峭，有散射线，果基和果面沟纹不明显，果皮黄绿色，光滑，果肉黄色，质地粗韧，果肉有香气，味苦涩，回甘中等，果核黄褐色。

④白沙甜榄 2 号：从实生长营品种筛选的优良单株，树形开张，树势中等，树冠半圆形；主干灰褐色；叶面深绿色，叶背面绿色，叶片平展，有光泽，叶尖长尾尖状，叶基部偏斜形，叶缘微波浪形，小叶质地薄软，长椭圆形，叶长 10.7 厘米左右，小叶宽3.6 厘米左右，复叶平伸，复叶主轴长 19.8 厘米左右，小叶平均5.0 对，对生；果实长梭形，果顶尖圆，沟纹明显，果基尖峭，无散射线，果基和果面沟纹不明显，果皮黄绿色，光滑，果肉黄色，质地细嫩，果肉有香气，无涩，回甘好，果核棕褐色，纺锤形。

**2. 广东主要品种（系）**

**（1）鲜食品种（系）**

①三棱榄：果倒卵形，黄色，基部圆，微呈三棱状，果顶有 3 条明显浅裂沟和黑点突起的残存花柱，单果重 10.2 克，纵横径3.68 厘米×2.21 厘米，皮光滑、黄色，肉黄白色，核赤色，重1.2 克，肉与核较易分离。肉质酥脆化渣，香甜不涩，回味甘，每100 克果肉含钙 334 毫克，可溶性固形物含量 12％。品质好。成熟期在 10 月，成熟果可留在树至翌年 2～3 月份且不易脱落，是潮阳最著名的鲜食地良种。

②凤湖榄：果形近似腰鼓状，基部平钝，果可竖立，果顶钝而微凹，常有 3 条浅裂沟和残存的花柱成小黑点突起，果实纵横径3.7 厘米×2.56 厘米，单果重 14.0 克；核棕褐色，重 1.6 克，肉与核易分离，可食率 88.5％，果肉白色，肉质酥脆，香甜不涩多汁，回味甘，每 100 克果肉含钙 282 毫克，可溶性固形物含量12％。品质上乘。成熟期 9 月中旬至 11 月上旬，可留树至春节前

后采收耐贮藏，主供鲜食，也可加工，是揭西县久负盛名的地方优良品种，原产于凤江区凤南村。

③冬节圆橄榄：果实长椭圆形，平均纵横径 3.4 厘米×2.1 厘米，平均单果重 9 克左右，果皮黄绿色，肉脆，纤维较少，化渣，甘甜，回味浓，肉核不易分离，质优，果实可食率 80%，100 克果肉含全糖 2.27%，酸 1.41%，可溶性固形物含量 12%，果实 8～10 月成熟，主供鲜食，也可用作加工，产于普宁等地。

④茶窖榄：果小，果身短而阔，纵横径 3.0 厘米×2.2 厘米。果肩有暗灰色点散布于果面，成熟时果皮青绿色。肉质细致、爽脆、纤维少，肉核易分离，甘香，无涩味，嚼后回甘。为鲜食最优品种。产于广州，成熟期 10～11 月。

⑤青皮榄：潮州的名优品种，产于意溪。果实青黄色，长椭圆形，平均单果重 11.5 克，果实纵横径 3.80 厘米×2.46 厘米，核棕褐色，重 1.5 克，核肉较易分离，果肉白色，质硬而脆，稍有清香，回味甘甜，可溶性固形物含量 12%，每 100 克果肉含钙 492 毫克，9 月下旬成熟，可留树保鲜至 12 月采收，该品种适应性强，丰产、早熟，风味好，是鲜食加工兼优的品种。

⑥丁香榄：果实长椭圆形，纵横径 3.71 厘米×2.25 厘米，平均单果重 7.5～8.0 克，果皮黄绿色，肉脆，化渣，有香味；核重 2.2 克，可食率 78.0%；每 100 克果肉含钙 330 毫克，可溶性固形物含量 11%。成熟期 11 月上旬。

⑦猪腰榄：果形狭长，两端稍弯，形似猪腰，纵横径 3.4 厘米×1.7 厘米，成熟时果皮青绿色，有黑色痣点散布于果面。肉质脆，味甘香，无涩味，核较小，品质优良。成熟期 10～11 月，成熟后挂在树上不易脱落，产量较低。主产广州郊区。

⑧鹰爪指：果穗大，丰产；较耐贮藏，耐风雨，不易脱落，成熟果实留在树上可延至翌年 2 月采收。果较小，肉质略韧，稍有涩味。

⑨尖青：果身细长，两端较尖。核细，肉脆，稍有涩味，品质和产量中等。

（2）加工品种（系）

①大头黄：果型大，果穗长，果较疏，果色黄，果柄长而蒂粗。果肉纤维粗，味涩。一般早采以供加工凉果蜜饯。

②黄仔：果较小，果穗大，结果密，果柄短而蒂细，丰产。肉质较粗，味稍涩。成熟时果皮黄色，成熟期比大头黄略迟。宜加工蜜饯凉果。

③汕头白榄（山榄）：果卵形，皮光滑黄色，果基圆，略有皱纹，蒂部红黄色，顶端略有小条纹，残存花柱成小黑点。肉滑爽脆，味甘凉，肉与核不易分离。可加工或鲜食。

④三方：果实略呈三棱状纺锤形，果实较坚实，味甘微涩，品质中上，除加工外仍可鲜食。迟熟。

⑤大红心：树冠高大，长势壮旺。果大，椭圆形，黄色，平均单果重 25 克，产量高，鲜食略带涩味，以加工为主，是加工化榄的良种。成熟期 9～10 月，主产于普宁、揭西。

⑥赤种：树势健壮，丰产稳产，单果重 11.4 克，每 100 克果肉含全糖 4.67 克，酸 1.62 克，维生素 C 2.28 毫克，可溶性固形物含量 14％，肉质脆，汁多，宜加工化核榄。也可鲜食。9～10 月成熟，成熟果易脱落。产于普宁等地。

⑦红心仔：果实长椭圆形，单果重平均 20 克，果皮黄绿色，丰产，适宜于加工。成熟期 8～10 月。

⑧四季榄：产于揭西县经富大岭坑果林场。每年 4～10 月抽生的新梢为结果枝，采果期从 8 月至翌年的 5 月，但以 3～4 月抽生的 8～10 月份采收的结果枝挂果较多，花穗二歧聚伞花序，每穗 300～1 200 朵，坐果率 4.96％，果实倒卵形，单果重 5～7 克，核棕褐色，核肉不易分离，可食率 75％，果肉白色，纤维较多，初尝口感苦涩，但回味尚甘，品质中下。

## （三）乌榄优良品种

乌榄，原产中国，主产广东。广东是乌榄天然分布和人工栽培的中心，全省除英德以北外，其他县市多有经济栽培，但主要集中在粤东的普宁、揭西，粤中的博罗、增城、东莞、番禺、广州郊区、从化，粤西的德庆、郁南、罗定等县、市。广西的南部也有栽培，福建省仅在靠近粤东的闽南沿海的诸县有少量分布。在海南省西部和广西龙州西南等天然林中，也先后发现野生乌榄。

**1. 油榄**　分布广东、福建、广西、云南等地，是最优良的乌榄品种之一。植株高大，叶片较长，树势强，喜阳光。果实长椭圆形，平均单果重约 10 克。果皮紫黑色，被有中等白蜡粉，橙黄色。果肉细滑，肉厚 0.6 厘米，味香，可食率 71%。果实 9 月中旬着色，10 月下旬采收。丰产稳产。

**2. 软枝榄**　主产于广东揭西、普宁等县市。植株生长势中等，分枝性稍强。叶较小，叶色较浅。果实倒卵形，较油榄小，平均单果重 3.40 克，肉较薄，可食率 58%，肉质也较油榄差，但丰产性好，大小年结果不明显，果实 9 月下旬成熟，一般加工成盐渍榄或榄角。

**3. 青笃榄**　主产于广东揭西县。植株高大，生势强，枝粗叶大，向上斜生，适应性强。果椭圆形，果顶果基圆锥状，紫黑色，蜡粉极丰，单果重 12 克。果肉厚 0.35 厘米，淡黄色。果核 3 室，2 室有种仁，花期、采收期与油榄相同。

**4. 白露榄**　主产于广东揭西县。植株、生势中等。果椭圆形，果顶、果基圆锥形。果较小，单果重 7 克，肉较厚。果实于白露前后成熟，为早熟丰产稳产良种，主要用于加工榄角。

**5. 三方榄**　主产于广东增城，以果实横切面呈三角形而得名。果大，果皮灰黑色，单果重 14.2 克，果肉厚 0.7 厘米，可食率 63.8%，品质一般，9 月下旬成熟。

**6. 左尾乌榄** 为广东省乌榄优良晚熟品种，霜降前后成熟。果实卵圆形，果身短，中部大，头细尾尖状，蒂黄红色，尾部稍弯曲，皮灰黑色，肉质软滑，多纤维，味佳有香气，核3室，1室有仁。每100千克可获榄仁10.5千克，为含仁率最高的品种。

**7. 黄肉榄** 主产于广东增城，果身微歪斜，果顶钝尖，有三条沟纹，品质优，肉厚，有香气，秋分至霜降成熟，用于加工。

**8. 立秋榄** 主要分布在广州市郊。果长卵形，果基有4条红皱纹，顶圆，红色，残存的花柱成小黑痣。果皮灰黑色，间有小黄点。肉味甘香，纤维少。8月上旬成熟，为早熟品种。

**9. 秧地头** 果较大，中部膨大，两端尖、小、匀称，微歪斜，横切面呈三角形，蒂痕多为三角形，果顶有3~6条沟纹。成熟时近核处的果肉为红黄色，肉质较粗，果肉含油分高。产量高而稳定。9月成熟。

**10. 黄庄乌榄** 主要分布在广东增城区。果长卵形，基部红黄色，残存的花柱呈小黑痣突起。皮灰黑色。肉厚质脆，香味佳，可食率70%。10月成熟。

**11. 孖鼻乌榄** 主要分布在广州市郊。果实长卵形，基部尖，有三角皱纹，残存的花柱成小黑点突起。顶部圆。味甘香略带涩，有纤维。10千克核可得核仁9.5千克。果实9月成熟。

**12. 鹅膏** 主要分布在广州市郊。果大而端正，肉厚质嫩，有鹅膏香味，产量较高。成熟期早，8~9月成熟。

# 二、苗木繁殖

传统的橄榄种植是采用实生苗种植，种后约 7 年可结果，8～9 年投产，童期长，且容易变异，母树的优良种性得不到完全遗传，约有近一半的树丰产性下降，所以后期需要不断地淘汰低产树和果实品质变差的树，降低了生产经济效益；同时实生种植树体高大，一般树高 10 米以上，树幅 8～10 米，不便果园管理。近年来，有些地方推广种植嫁接苗，三年可结果试产，但生产经验告诉我们，种植嫁接小苗生长缓慢，产量低，结果后容易衰老成小老头树，种植没有生产效益，因此不被生产所接受。为解决实生种植与小苗嫁接生产上的问题，目前生产上采用实生苗定植 2～3 年后，离地面 50 厘米处径粗 5 厘米时进行嫁接栽培，既解决实生种植的生产问题，也解决了小苗嫁接的生产问题，这种栽培方式被广泛应用。

## (一) 两段式实生苗的培育

两段式育苗法：第一段是橄榄种子撒播出苗阶段，第二段将小苗移植到营养袋培育的方法。两段育苗法培育的橄榄苗，由于小苗在移植时根尖生长点受损或进行人工短截，抑制了主根的垂直延伸，促进了侧根的生长，侧根和须根的生长量比直播苗增多 1～2 倍，培育的苗木生长粗壮，种植成活率大幅度提高，如果采取实生栽培还能提早 1～2 年结果，所以广受生产者欢迎。

### 1. 种子采集与处理

(1) 直接定植的实生苗其播种用的种子，需采自优良母株。如作砧木的，可选用野生性较强的品种，如福州地区的羊矢、小长营等，莆田地区的秋兰花品种。播种用的果实必须选充分成熟的果实，一般在立冬后采收。

（2）采下的橄榄，先堆放沤烂果肉，洗去果肉晾后层积；或用开水烫 1～3 分钟（以核肉分离为度），取出立即倒入冷水浸 1 小时降温，以免烫伤果胚，然后用锤轻敲，或者说用木夹夹果实，使果肉与核分离。

（3）用苔藓或河沙对果核进行层积处理。以一层干净湿润细沙或苔藓一层种核，堆放于阴凉通风处，高 30～50 厘米，沙堆覆盖塑料薄膜保湿。细沙湿度以手捏成团、摊开即散为宜；沙存过程中每隔 15 天检查一次，沙子过干时宜适量喷水，以堆底不漏水为宜。经过 60 天，其发芽率可达 67%～90%。如不层积处理，采收后即播，发芽率低，仅 45% 左右。

**2. 选地和整地** 橄榄苗圃地应选地势平坦，地下水位低，排水良好、灌溉方便，土层深厚的壤土或沙壤土，土壤质地差、黏性土以及易积水地不宜作苗圃。山地育苗注意不要选西向，西照阳光强烈，对苗木生长不利。生产上苗圃一般选用农田或菜地，苗圃整地宜在冬季进行，先将苗地深耕，播前精细整地起畦，做成宽 1～1.2 米的长畦，适当施些腐熟有机基肥，并翻拌均匀。

**3. 播种及管理** 经层积处理的种子，2～3 月取出催芽，种子用 75～80 ℃热水浸 0.5 分钟，再用冷水浸 2～3 小时；将育苗畦整细耙平，每亩*施 30% 腐熟液肥 3 000 千克作底肥，待畦面吸收后，将种子均匀撒播，以木板将种核压入畦面，覆盖细肥土（最好是菜园土）厚约 1.5 厘米，如覆土太厚、太黏，则芽不易伸长，且幼苗易弯曲；播后清水喷洒浇透，然后用黑色遮光网或用芒萁搭荫棚适当遮阴。

**4. 小苗移植** 经层积处理的橄榄种子，播种后 40～50 天即可

---

* 亩为非法定计量单位，1 亩＝1/15 公顷。——编者注。

发芽出苗。嫩芽刚露出土面时，就要揭去覆盖物，地膜覆盖的要揭破膜孔让其出苗。否则，苗木生长受覆盖物的压抑而弯曲，当小苗子叶完全展开，真叶半展开到展开一叶前，或组培苗的子叶展开转绿时即可移植上袋，即进行第二段育苗。

（1）营养袋规格　传统的营养袋采用透明薄型薄膜袋，由于透光，繁育时常将育苗袋埋在土中，容易老化破损，在移植运输过程中，袋土易散出，影响移植成活率。目前生产上多选用无纺布袋或黑色厚型薄膜袋或可降解塑料薄膜袋制成规格为 14 厘米×18 厘米（培育当年 5～6 月移植的半年生小苗）；22 厘米×40 厘米（培育翌年 3～4 月移植的一年生小苗）。营养袋底角剪口或袋壁开梅花形小口以利通气和排水。

（2）育苗基质　营养袋的培养土根据当地资源情况因地制宜，有多种选择。一是采用肥沃园土、火烧土、沤熟的粪土按 7∶2∶1 比例混合；二是用稻田表层细土∶腐熟细粪土∶钙镁磷＝89∶10∶1；三是菜园细田土∶火烧土∶钙镁磷＝78∶20∶2 配制，充分拌和混合为营养土。以上各种配比再加入 1％钙镁磷与之拌匀。

无土育苗基质：采用泥炭土、珍珠岩、椰子糠和锯末按比例（3∶4∶2∶1）配制成无土介质，具有轻便卫生，方便携带与摆放，排水性、持肥力和通透性好等优点。种植时需将苗木倒出，袋、钵可以反复使用。

（3）装袋与排畦　营养土装袋时间在小苗移植前 1～5 天。装袋要求营养土松散不湿，装袋时宜逐层稍用力压实至装满袋口。按畦宽 100～120 厘米、行距 30 厘米，袋间不留空隙进行排袋。行间空隙及畦四周以细田土将营养袋全部覆盖，每亩大田排放填土营养袋约 1.5 万只。

（4）小苗移植　种子出苗后，从真叶半展开到展开 1 叶前，选择晴天傍晚或阴天移植到营养袋中，每袋 1 株，移植时剪掉主根的 1/3 左右，主根留 3～5 厘米，以促进侧根生长。移栽时，先用竹签在基质中央袋插一孔，深 4～6 厘米，再旋转一下，以扩大孔的体积，接着选择生长强壮的小苗，把根部在加有少许钙镁磷、磷酸二氢钾、浓度为 20 毫克/千克的 NAA 或 50～100 毫克/千克的 ABT 3 号生根粉里蘸一下，随后放入栽植孔中，再用竹签在距孔 4 厘米处直插 10 厘米，并向苗根紧压，使根和基质充分接触。移植后随即浇足定根水，遮阴防晒，晴天早晚浇水至移植苗成活。

**5. 苗圃管理** 橄榄苗期需着重做好如下田管工作：

（1）中耕除草 用地膜覆盖的苗圃不要中耕除草，可省去很多的管理工作，降低管理成本。否则，除草要及时。见草就要拔，且只能用手拔除而不能用锄头。如果迟拔，一方面草根扩大，再拔草就会松动幼苗根系，导致死苗；另一方面杂草生长迅速，很快就会超过橄榄苗而导致弱苗。

（2）间苗补苗 1 粒橄榄种子，一般出苗 1 株，但由于种子含有 3 个胚，如果种胚都正常发育，就会出苗 2～3 株，出苗 2 株的比例可达 5% 左右，出苗 3 株很少见。因此苗期要间苗 1～2 次，当幼苗长至 2～3 片真叶时，可进行第一次间苗，一袋有两株以上的去弱留强，同时从间掉的苗中选强壮的对空袋缺苗或弱苗进行补苗和换苗。第二次间苗在第一次间苗半个月左右。两段式育苗，要及时检查移植苗的成活情况，发现死苗要及时补苗。

（3）施肥 移栽后的小苗长到 5～10 厘米时，就可以开始追肥。追肥宜"薄肥勤施"，每月施 1 次少量的稀薄人粪尿、喷 1 次叶面肥；追肥宜在傍晚进行，追肥后要及时用清水冲洗幼苗叶面，以防肥害。每次新梢生长前施 1 次肥，以腐熟液肥 500 千克/亩掺水 6～10 倍加 30～50 千克钙镁磷或再加 45% 氮磷钾三元复合肥 30～50 千克，生长期可喷施叶面肥 2～3 次。

以无土基质为营养土的肥力和持肥力较壤土差，须加强肥水管理。一般 7～15 天施 1 次肥水，肥料为速效和迟效的复合肥，配入多种微量元素，以磷酸二氢钾和尿素为主。

（4）排灌水　橄榄幼苗对水分要求比较严格，移植后 1 周内，每天早、晚各浇 1 次水，1 个月内每天浇水 1 次，保持苗木根系分布层处于湿润状态。雨天则要注意排除积水。

（5）病虫害防治　由于苗木较密集，应特别注意防治炭疽病、烟煤病、叶斑病、星室木虱、橄榄枯叶蛾、橄榄皮细蛾、金龟子等病虫害，每次新梢抽发时应注意防治。

（6）防冻　橄榄苗期和幼龄期怕霜冻，苗圃冬季必须进行搭架遮盖防霜冻，木架、竹架、水泥柱架均可，立架高度一般高出苗木 5～10 厘米，上面覆盖稻草或薄膜或遮阳网，霜期结束后，拆除遮盖物。

**6. 苗木出圃**　橄榄营养袋苗木要连袋带土起苗，起苗时要用比较锋利的铁锄或铁铲，将主根或垂直根切断后再起苗。注意切断营养袋外的根时，不要松动营养袋内的土。

（1）出圃规格

半年生苗：生产上为加速建园，提高种植成活率，采取秋季种植半年生苗，半年生苗合格苗高 15 厘米左右，真叶 5～10 片，生长发育正常，营养袋完整。

一年生苗：常规生产一般在春季种植，一年生合格苗高为 40～60 厘米，主干离土面 10 厘米处直径粗达到 1.0 厘米以上，生长发育正常，营养袋完整。

（2）苗木检验方法　随机抽检总株数的 10%～20%，以每百株为一个基本单位，按出圃规格要求检查合格苗比例，并据此计算合格苗数量。检查采取直观评判和器具测量相结合的办法。

（3）苗木包装与运输　起苗后，若要长途运输，须将营养袋苗放在打结成十字形的稻草上，稻草从四面拢起，并在营养袋口和苗木一起绑紧，以保持营养袋不断裂、营养土不松散。苗木装车时要从里到外、从下往上按顺序紧密竖立堆放，要防止运输途中营养袋土松散。较长途运输者，盖敞篷布防风防晒和防高温闷热。

## （二）组织培养

组织培养与常规育苗方法相比，组织培养育苗可大大缩短培养周期，在操作上更加简便，不受季节地域的限制，并能培育出整齐健壮的组培苗。

外植体是建立橄榄愈伤组织再生体系的关键，选用橄榄的顶芽、侧芽或是幼叶作外植体，由于含有较多的酚类物质，极易引起严重褐变，甚至死亡。因此，很多科研工作者用幼胚、成熟胚或茎段作为外植体进行组织培养。

**1. 离体胚的培养**　取橄榄树上花后 70～80 天的新鲜橄榄，剥去果肉取核，经消毒后破核，取其胚，将离体胚接种于 0.5 毫克/升6-BA＋1.0 毫克/升 IBA 的 MS 培养基上，获得无菌苗。

**2. 侧芽的诱导**　以无菌幼苗为材料，摘除顶芽，剪成约 1 厘米长的带节茎段或者与根相连的下胚轴作为外植体，接种于含有 MS＋0.5 毫克/升 6-BA＋0.5 毫克/升 IBA 固体培养基中进行培养。培养条件：温度 23～25 ℃，光照时间为 12 小时/天，光照强度 2 000 勒克斯。培养约 70 天后，得到诱导侧芽。由于橄榄具有很强的顶端优势，侧芽不易萌发，细胞分裂素（6-BA）是侧芽萌发的诱导因子，生长素（IBA）是侧芽生长的促进因子。适当浓度的细胞分裂素和生长素有利于侧芽萌发。

**3. 芽的继代增殖**　将生长到 3～4 厘米长，带 5～6 个芽节的侧芽摘除顶芽，剪取带 3～4 个芽节的茎段再接种到培养基（MS＋0.5 毫克/升 6-BA＋0.5 毫克/升 IBA）上进行继代培养，继代培养约 1 周后可见芽节处长出芽点，3～4 周后各芽点萌发为新的侧芽。剩下的 1～2 个芽节仍留于原株上，并将原株转入原培养基上继续培养，以获得更多的丛生芽。

**4. 生根培养**　取 1～2 厘米高的健壮芽苗，接种于 MS＋1.0 毫克/升 NAA 的培养基上，在上述培养条件下培养。芽苗在生根培养基上接种约 55 天后基端开始膨大，切口愈合，约 65 天后开始长根。NAA 对橄榄茎段的生根诱导影响较为明显，其浓度范围为 0.5～1 毫克/升，太低或者太高浓度的 NAA 对橄榄芽苗生根的作用不理想，而 IBA 对橄榄芽苗的生根作用不如 NAA。

组培快繁可用于橄榄砧木和接穗品种的快速培育，获得基因型整齐一致的砧木和接穗品种，有利于优良品种的推广应用。以砧木和接穗品种的组培苗为材料，进行试管嫁接，可以快速、高效获得高质量的嫁接苗，提高苗木质量和整齐度，具有广阔的应用前景。虽然通过许多研究者的不懈努力，在橄榄组织培养上取得一定成果，但橄榄组培苗在生产上还未推广，需要进一步研究。

# 三、生长发育与结果习性

橄榄的一生包含生长、结果、衰老和死亡的过程，这种过程在果树上叫年龄时期，又称生命周期。橄榄的年龄时期有两个明显的不同阶段，即幼龄阶段和成年阶段。所谓幼龄阶段是指从种子萌发开始，到具有开花潜能之前的阶段，在自然生长发育下橄榄完成幼龄阶段发育要7年左右。如果在生长发育过程中，加以恰当的人工干涉，即给以控梢修剪，橄榄的幼龄阶段可以缩短到4～5年，提早2～3年结束幼龄阶段。成年阶段即进入开花、结果直到衰老、死亡的阶段。在这个阶段，只要外界条件适宜，就可以开花结果；能开花结果的年龄阶段称为经济年龄。橄榄的成年阶段长短和经济年龄，根据果园的管理状况，可长可短，一般情况可长达数十年到百余年不等。

橄榄在一年中的生长发育的变化，叫作年周期变化。它是以生命周期的发育阶段为基础，在一年中随着四季气候的变化，有节奏地进行萌芽、抽梢、开花、结果等一系列生命活动。这种随着季节变化而按一定顺序进行的内部生理与外部形态的变化称之为物候期。

## （一）根系生长规律

根是果树生长结果的基础，它除了固定植株和吸收水分、养分的作用外，还具有贮藏和合成营养物质和生长激素的功能。根系的生长与地上部的生长、开花、结果关系很大，良好的根系生长是橄榄树丰产、稳产、枝壮叶茂的最基本条件。因此，必须为根系生长发育创造良好的环境，为丰产、稳产、早产奠定基础。

实生繁殖的橄榄，其根系属直根系或垂直根系。由种子胚根发育生长而成。种子胚根垂直向下生长的称为主根，着生在主根上的各级分支称为侧根。主根和侧根粗大，构成根系的骨架，所以又称骨干根。主根与侧根形成的角度，因侧根的分布地位而不同。一般侧根愈靠近上部，与主根形成的角度愈大；侧根着生部位愈向下部，与主根形成的角度愈小。几乎与地面平行的侧根，成为水平根，在主根及侧根上着生许多细小的根，统称为须根。

橄榄实生树主根发达，须根很少。实生苗定植时若主根被短截的，种植后可在主根短截处长出 2～3 条垂直根，近地面处亦可长出 3～4 条水平根沿不同方向延伸，形成较好的根系结构。

橄榄根系生长情况与土质、地势有关。种植在土层深厚的山地，垂直根入土深；种植于水旁或地下有硬隔层的山地土壤，根系大量分布在近地表处（表1）。据调查，干径 50 厘米的橄榄树，在洲地根深可达 5～8 米，在丘陵地根深可达 4～5 米；洲地橄榄主根离地面 2 米处垂直根直径可达 20 厘米以上，离树干 1 米处的水平根直径可达 20～25 厘米。在福建莆田木兰溪沿岸冲积土上，1 株 20 年生的橄榄树，根深仅 1.46 米，大量侧根和须根都分布在地下 20～140 厘米的地层中。在下郑后坑尾的山地，有 1 株百年生的大树，直根深入土中 2.5 米，其末端周径仍有 15 厘米。由于根系强大，分布又深，所以橄榄抗旱力强。

**表 1　丘陵红壤山地橄榄根系分布情况 ***

（郑家基，1988）

| 土层深度（厘米） | | 根系分布情况 | | | | | | |
| --- | --- | --- | --- | --- | --- | --- | --- | --- |
| | | Φ<2 毫米 | | Φ为 2～5 毫米 | | Φ为 5～10 毫米 | | Φ>10 毫米 | |
| | 总根数 | 数量 | 百分比（%） | 数量 | 百分比（%） | 数量 | 百分比（%） | 数量 | 百分比（%） |
| 0～50 | 187 | 160 | 85.56 | 22 | 11.76 | 2 | 1.07 | 3 | 1.61 |

（续）

| 土层深度 | | 根系分布情况 | | | | | | |
|---|---|---|---|---|---|---|---|---|
| | 总根数 | Φ<2 毫米 | | Φ 为 2～5 毫米 | | Φ 为 5～10 毫米 | | Φ>10 毫米 |
| （厘米） | | 数量 | 百分比（%） | 数量 | 百分比（%） | 数量 | 百分比（%） | 数量 | 百分比（%） |

| 土层深度（厘米） | 总根数 | Φ<2 毫米 数量 | 百分比（%） | Φ 为 2～5 毫米 数量 | 百分比（%） | Φ 为 5～10 毫米 数量 | 百分比（%） | Φ>10 毫米 数量 | 百分比（%） |
|---|---|---|---|---|---|---|---|---|---|
| 50～100 | 182 | 146 | 79.67 | 22 | 12.07 | 10 | 5.49 | 5 | 2.72 |
| 100～150 | 131 | 90 | 68.70 | 20 | 15.27 | 14 | 10.69 | 7 | 5.34 |
| >150 | 83 | 26 | 31.33 | 40 | 48.19 | 14 | 16.87 | 3 | 3.61 |

＊调查橄榄株高 8.72 米，干高 1.80 米，干周 1.83 米，树冠 12.0 米×10 米。

## （二）芽、枝梢、叶和花的生长特性

橄榄的地上部包括主干与树冠 2 个重要部分。主干是指从根颈部至第一主枝之间的部分，主干是着生树冠的基础，橄榄是合轴分枝，顶端优势强，主干高大且极其明显。树冠是由主枝和各级侧枝组成的。直接着生在主干上的大枝，称为主枝；在主枝上着生副主枝与侧枝。主枝、副主枝和大侧枝，构成树冠的骨架，所以称为骨干枝。在骨干枝上着生的小侧枝，继续分枝。

**1. 芽** 芽是多年生植物为适应不良环境而形成的一种器官，它是枝、叶、花的原始体，也就是说，枝、叶、花都是由芽发育而成的。橄榄一个节位上只有一个芽，根据芽在枝梢上着生的位置，可分为顶芽和侧芽。顶芽着生于枝梢的顶端，侧芽着生在枝梢的叶腋内，也称为腋芽。按照芽的性质，可分为叶枝芽和花序芽。叶枝芽形状瘦弱，芽顶尖，萌发后仅抽叶和枝梢，花芽是混合芽，较肥大，芽顶钝圆形，萌发后抽总状花序或圆锥花序或聚伞圆锥花序。橄榄芽表面密被短而极细的绒毛，绿色或红色。芽伸出后，芽内表面也是密被同样的绒毛，所以橄榄有绿芽和红芽之分。

按芽的萌发特点，可分为活动芽和潜伏芽（隐芽）。活动芽是当年形成的，当年萌发或第二年萌发；潜伏芽经一年或多年潜伏后才萌发，潜伏芽的寿命长短与枝序更新及老树更新有很大关系。

芽的异质性。由于橄榄枝梢内部营养状况和外界环境条件不同，在同一生长枝上不同部位的芽存在着差异，这种现象称为芽的异质性。枝梢顶部的芽饱满，萌发成枝力强，从顶部向下的芽势依次减弱。橄榄侧芽萌发率低且成枝力弱，基部芽几乎都是隐芽，但一旦将顶芽抹除，侧芽就有强的萌发力和成枝力。

芽的早熟性。橄榄芽在当年形成的新梢上，能连续抽成二次梢或三次梢，甚至四五次梢，这种特性称为芽的早熟性。因此，橄榄一年能抽 2～5 次新梢，树冠易形成。

芽的潜伏力。橄榄枝干短截后，能由潜伏芽发生新梢，这是更新复壮的生物学基础，芽的潜伏力受着树体本身的营养状况和栽培管理影响，条件好的隐芽潜伏力强，寿命长。

**2. 枝梢** 正常生长的幼年橄榄树一年可抽 3～4 次梢，即春梢、夏梢、秋梢和冬梢。成年树每年抽梢多为 2 次，即春梢和秋梢，在 3 月底至 4 月初抽春梢，7～8 月抽秋梢。

不同品种间抽发各梢的时间有前后，相差 25～30 天，年度间相差 1～3 天，但结束期基本相同。比如以福州主栽品种为例：春梢长营、自来圆为 3 月中旬开始抽出至 5 月上旬停止，檀香、惠圆为 4 月初开始抽出至 5 月初停止，比长营、自来圆迟 2 旬，短 20 天左右。秋梢各品种基本一致为 8 月 20～24 日抽出至 10 月 1～6 日结束。

春梢大部分是从前一年秋梢顶芽抽生，占 92.14%～95.15%，少部分是从枝条的侧芽抽生。秋梢抽生数量在很大程度上取决于当年植株的产量、树势及管理水平；结果多、树势弱、管理粗放，秋梢抽生较少。此外，当年开花结果少者，亦可抽生夏梢。春梢可发育为营养枝、结果枝和结果母枝，秋梢可发育成营养枝、结果母枝，夏梢是营养枝。

结果母枝与结果枝：橄榄的结果母枝可由春梢发育而来，也可从秋梢发育而来；树体营养好、青壮年树，结果母枝主要是秋梢，也有少量的是春梢；树体营养弱、成年老树结果大年时秋梢少发或者不发，春梢就变成主要的结果母枝。橄榄结果母枝的顶芽为混合芽，翌春抽生春梢，并于其上叶腋抽出 2～8 个小花序，每叶腋抽生出一个小花序，形成结果枝，结果枝的顶芽为叶芽，夏或秋季又可萌发成夏秋梢，成为翌年的结果母枝（表 2）。

橄榄春梢为结果枝，由上一年秋梢或春梢的顶芽、侧芽或腋芽抽生，这些芽的性质为混合芽。以秋梢为结果母枝的占 89.5%～92.0%，春梢为结果母枝的占 8.0%～10.5%；结果枝从顶芽抽生的占 76.1%～78.0%，由侧芽抽生的占 24% 左右。橄榄的秋梢是翌年主要的结果母枝，结果枝主要由顶芽抽生（表 2）。

橄榄是乔木型果树，树高 6～15 米，成年树有 9～12 级分枝。据调查，橄榄外部结果十分明显，橄榄主要是外膛结果，由外向内，结果梢平均挂果数随着降低。结果枝主要着生于枝条的最末三级，末级枝占 47%～51%，次末级枝占 24%～26%，第三末级枝占 13%～15%，其他级枝占 11% 左右，其中内膛枝即 4～9 级主枝上直接抽生结果枝的占 93%。从结果枝梢平均挂果数和产量分布趋势看，也是由外向内逐渐降低。

结果枝粗度和长度影响橄榄产量。成年大树穗径 0.61～0.90 厘米之间的结果枝总梢数占 74.1%，产量占 74.8%（表 3），穗长度与产量的关系呈正态分布（表 4）。

**表 2　橄榄结果母枝和结果枝类型**

（罗美玉等，1996）

| 品种 | 结果母枝 | | | | 结果枝 | | | |
|---|---|---|---|---|---|---|---|---|
| | 春梢母枝（枝） | 比例（%） | 秋梢母枝（枝） | 比例（%） | 顶芽果枝（枝） | 比例（%） | 侧芽果枝（枝） | 比例（%） |
| 自来圆 | 32 | 10.5 | 168 | 89.5 | 230 | 76.1 | 70 | 23.9 |
| 长营 | 16 | 8.0 | 176 | 92.0 | 234 | 78.0 | 66 | 22.0 |

### 表 3　橄榄结果枝粗度与产量的关系

（罗美玉等，1996）

| 粗度（厘米） | 结果枝数量（枝） | 比例（%） | 结果数（粒） | 比例（%） | 平均坐果数（粒／枝） |
|---|---|---|---|---|---|
| 0.51～0.60 | 26 | 8.7 | 63 | 2.4 | 2.42 |
| 0.61～0.70 | 56 | 18.7 | 339 | 13.0 | 6.05 |
| 0.71～0.80 | 101 | 33.7 | 944 | 36.9 | 9.54 |
| 0.81～0.90 | 65 | 21.7 | 649 | 24.9 | 9.98 |
| 0.91～1.00 | 30 | 10.0 | 431 | 16.5 | 14.37 |

### 表 4　橄榄结果枝长度与产量的关系

（罗美玉等，1996）

| 果穗长（厘米） | 果穗数（个） | 穗坐果率（%） | 穗坐果粒数（粒/穗） | 比例（%） | 穗平均粒数（粒/穗） |
|---|---|---|---|---|---|
| 3.1～4.0 | 33 | 11.0 | 181 | 6.93 | 5.48 |
| 4.1～5.0 | 37 | 12.3 | 2.5 | 7.9 | 6.21 |
| 5.1～6.0 | 45 | 15.0 | 436 | 16.7 | 9.68 |
| 6.1～7.0 | 81 | 27.0 | 749 | 28.7 | 9.25 |
| 7.1～8.0 | 45 | 15.0 | 485 | 18.36 | 10.78 |
| 8.1～9.0 | 36 | 12.0 | 323 | 12.4 | 8.97 |
| 9.1～10.0 | 18 | 6.0 | 181 | 6.9 | 10.06 |

**3. 叶**　叶是植物进行光合作用、制造养分的主要器官。植物体 90% 左右的干物质是靠叶片合成的。叶还具有呼吸、蒸腾、吸收等多种生理功能。橄榄叶为奇数羽状复叶，罕为单叶，互生，螺旋状排列，稀为三叶轮生，长 15～30 厘米，有小叶 7～13 枚。小叶对生，长圆披针形、全缘或具浅齿，长 6～14 厘米，宽 2.5～5 厘米，先端尖，基间偏斜，两面网脉均明显，在下面网脉及中脉有细茸毛。具短柄，叶柄圆形。肩平或具沟槽。托叶常着生于近叶柄

基部的枝上，或直接生于叶柄上。常先期脱落。

伴随着三次梢小叶展开期有三期。春梢小叶展开期：长营、自来圆为 3 月下旬至 5 月中旬。檀香、惠圆为 4 月上旬至 5 月上旬，比长营、自来圆迟 1 旬。夏梢小叶展开期：长营、檀香、自来圆于 7 月 13～21 日开始展开至 8 月 10～12 日。惠圆于 7 月 29～31 日开始展开，结束期与其他 3 个品种一样。秋梢小叶展开期：长营，檀香、自来圆于 8 月 24～29 日至 10 月 23～27 日，惠圆为 9 月 11～13 日至 10 月 21～23 日，比其他 3 个品种迟约 2 旬。

**4. 花**　被子植物的花器官性状是重要的分类依据，《中国植物志》中对橄榄花序描述为"花序腋生、单性，雌雄异株"。《福建植物志》中对橄榄属植物的花序描述为"花通常单性而雌雄异株，偶有单性花与两性花同株、花瓣白色"。

橄榄花有两性花、雌花、雄花和少数畸形花。

（1）两性花也称完全花，有正常的雌蕊和雄蕊，花蕾较圆长，未开时长约 1 厘米。子房中位或下位，卵形，花柱短，柱头三棱，绿白色，子房 2～3 室，每室有 2 个胚珠；雌蕊粗壮，花丝长，花药健壮，周围均匀地分布有粗壮的雄蕊 6 枚，花药为披针形，健壮，黄白色；花粉乳白色，花丝长、基部合生，与子房之间有蜜腺，呈橙红色。萼杯状，三至五裂，长约 3 毫米，绿白色。花瓣 3～5 片，白色，长约为萼的 2 倍。

（2）雄花外观与两性花相似，但花蕾细长，子房败育或无，花柱有或无，雄蕊发育完全，开花后即脱落。

（3）雌花花管粗圆，子房发达，3 室，雌蕊发育完全，雄势花丝短，花药萎缩或成痕迹，结果能力强。

（4）畸形花偶见，花蕾矩圆形、似由 2～3 个雄蕊并生而成，花萼 6～9 枚，浅裂，花瓣 6～12 枚，雄蕊发育完全，10～20 枚，无子房或花柱。

橄榄花序为顶生或腋生的总状花序或圆锥花序或聚伞圆锥花

序，小花有短花梗，每 3 朵花成一小穗。着生于小花轴上。花瓣
多为乳白色，也有少量粉红色花瓣。橄榄树花序有雌花序、雄花
序、两性花序，两性花序是由两性花与雄花同序，其结构上一般是
小花穗的中间一朵为两性花，或者花序支穗上的顶部有两性花，两
性花占比多少决定了该树的产量，多则高产，少则低产。同株橄榄
树有单性花序，也有时两种花序并存。橄榄树单性花序的有雌花序
和雄花序，同树两种花序并存的有两性花序和雄花序并存。雌花序
多为总状花序或圆锥花序，雄花序多为聚伞圆锥花序。一般而言，
高产稳产品种多为雌花序树，或两性花序树。中低产树为两种花序
并存的树，雄花序树为雄株，只开花不结果。

橄榄花序由顶芽、侧芽、腋芽抽生，主要着生在橄榄树末三级
的枝条上，外围着生十分明显。初、壮产树花序由最末级枝条抽生
的占 80％左右，次末级占 18％左右；成年树最末级的占 67％左
右，次末级占 25％左右，试产树在一级主枝上，初产树在二级主
枝上，壮年树在三级主枝上，成年树在四级主枝上，也有少量的秋
梢抽生花序。说明橄榄主枝具有抽生花序能力，在生产上可通过修
剪给以利用，为矮化栽培提供了生物学特性的可能性。

橄榄树开花类型有两类四种。一类是整株开同一种花性的树，
有雌花树、雄花树、两性花树 3 种情况；另一类是同株开有不同花
性的树，有雄花和两性花的同株异花树，没有发现雌花与其他花同
株的树。各类型花树所占的比例依不同树龄有变化，雌花树和同株
异花树所占的比例随着树龄增长，雌花树比例上升，由试产果园的
26％左右上升至成年投产果园的 60％左右，同时同株异花树比例
下降，由试产果园的 60％左右下降到成年投产果园的 20％左右，
也就是说随着树龄的增长同株异花树向雌花树转变。

## （三）开花、坐果、落花落果

**1. 花芽分化与开花** 在福州地区，橄榄花芽生理分化从 11 月

初开始到 12 月下旬结束，约经两个月时间完成生理分化，橄榄花芽形态分化从 3 月下旬开始到 5 月下旬基本结束，约需 2 个月时间。不同品种间有所差异，其中形态分化时间差异较大，雄花一般在 3 月下旬即开始现蕾开花，雌花一般要在 5 月中旬开始现蕾开花，相差一个半月时间，但不同品种花期结束期基本相同，一般在 6 月中旬。橄榄的花芽分化顺序为：花序总轴原基→花序侧穗原基→小型聚伞花序原基→花原基→花萼→花瓣→雄蕊→雌蕊→花粉粒（图 1）。橄榄花芽分化是连续的，在同一枝梢上的花芽分化是自下而上，同一花序是从基部向顶部，同一株树不同方向、部位的花芽分化阶段有互相交错的现象。不同品种其分化时间有差异（表 5）。

抽生结果枝，待长达 10 厘米左右时，从结果枝的叶腋间或顶端抽生花序，5 月中下旬始花，6 月中下旬终花（表 6）。两性株的总状花序是自下而上逐步开，橄榄雄花和两性花多 3 朵并生成一小穗，中间 1 朵先开，旁边 2 朵后开，或当中央的 1 朵花将开放时，两旁的花多逐渐凋萎而不能开放；雌花多单生，3 朵并生的较少。雄花序每序花多可达 500 以上，两性花序每花序有花 300～500 朵，雌花序花较少，每一花序有花 10～50 朵。花穗长短与品种、繁殖方法有关。实生树花轴常在 30 厘米以上，多雄花，结果率低；嫁接树花轴短，常仅 10 厘米左右，两性花多，结果率高。

**表 5　橄榄花芽分化期**

（郑家基等，1988）　　　　　　　单位：日/月

| 品种 | 开始分化期 | 花序总轴原基出现 | 花序侧穗原基出现 | 小型聚伞花序小花原基出现 | 3 朵小花原始体出现 | 花萼形成 | 花瓣形成 | 雄蕊形成 | 雌蕊形成 | 花粉粒（四分孢子体）出现 |
|---|---|---|---|---|---|---|---|---|---|---|
| 长营 | 22/3 | 22/3～29/3 | 5/4～12/4 | 5/4～19/4 | 3/5 | 16/4 | 26/4 | 10/5 | 17/5 | 17/5～24/5 |
| 惠圆 | 22/3 | 22/3～12/4 | 19/4～3/5 | 26/4～10/5 | — | 10/5 | 7/5 | 24/5 | 24/5 | 31/5 |

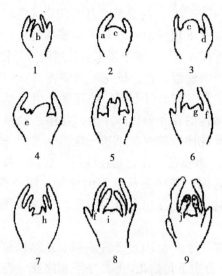

图1　橄榄花芽分化过程（1985—1986）

1. 未分化期　2. 花序总轴原基出现　3. 花序侧穗原基出现　4. 小型聚伞花序原基出现

5. 花萼形成　6. 花瓣形成　7. 雄蕊形成　8. 雌蕊形成　9. 花粉粒出现

a. 苞片　b. 生长锥　c. 花序总轴原基　d. 花序侧穗原基　e. 小型聚伞花序小花原基

f. 花萼　g. 花瓣　h. 雄蕊　i. 雌蕊　j. 花粉粒

表6　橄榄花序形成期观察

（许长同等，1994）　　　　　　　单位：日/月

| 品种 | 一级花穗 | 二级花穗 | 三级花穗 | 四级花穗 | 总天数 |
|---|---|---|---|---|---|
| 檀香 | 27/4～16/5 | 9/5～16/5 | 15/5～18/5 | | 22 |
| 惠圆 | 1/5～16/5 | 13/5～17/5 | 15/5～18/5 | | 18 |
| 长营 | 23/3～10/4 | 10/4～4/5 | 22/4～7/5 | 7/5～11/5 | 48 |
| 自来圆 | 16/4～16/5 | 28/4～16/5 | 15/5～18/5 | | 33 |

**2. 坐果**　据调查结果，橄榄不同品种、不同花性树之间坐果率差异很大。自来圆仅有单性雌花树，而长营有单性雌花树和两性异花树两种。自来圆坐果率为20%左右；两性异花树的长营坐果率5%左右，单性雌花树长营坐果率18%左右，说明橄榄单性雌花

树比两性异花树坐果率高 3.5～4.5 倍。

橄榄花粉的萌发率较低。由于立地条件，植株长势和开花时期不同，始花期的花粉萌发率较低，而盛花期的则相对较高。因此可在橄榄始花期施入适量的 2，4-D、NAA 和硼砂促进花粉的萌发。一般来说，橄榄在开花后 3 天内均有很高的授粉能力，花后第四天授粉能力明显降低（表 7）。授粉后到完成受精所需时间为 32～48天（表 8）。惠圆橄榄采用异花授粉，坐果率由对照的 6.8％提高到47.8％，建议配置长营等品种作为授粉树。

为了提高橄榄花的授粉率，可以在橄榄果园进行人工放蜂传粉，辅助异花授粉。雌花柱头有效授粉时间长，尤其是开花后第二天，柱头黏液多，授粉能力高，经蜜蜂传粉后 48 小时，绝大部分花粉粒均已到达子房，完成授粉过程，显著提高坐果率。

**表 7　不同授粉时间对惠圆橄榄坐果率的影响**

（刘星辉等，1993）

| 授粉时间 | 授粉花数（朵） | 坐果数（个） | 坐果率（％） |
|---|---|---|---|
| 开花当天 | 38 | 18 | 47.4 |
| 花后第二天 | 48 | 24 | 50.0 |
| 花后第三天 | 29 | 13 | 44.8 |
| 花后第四天 | 43 | 9 | 20.9 |

**表 8　惠圆橄榄受精时间的观测**

（刘星辉等，1993）

| 授粉后时间（小时） | 切柱头 | | | 切花柱 1/3 | | | 切花柱 1/2 | | |
|---|---|---|---|---|---|---|---|---|---|
| | 处理花数（朵） | 坐果数（个） | 坐果率（％） | 处理花数（朵） | 坐果数（个） | 坐果率（％） | 处理花数（朵） | 坐果数（个） | 坐果率（％） |
| 4 | 14 | 0 | 0 | 14 | 0 | 0 | 14 | 0 | 0 |
| 8 | 14 | 0 | 0 | 14 | 0 | 0 | 14 | 0 | 0 |
| 20 | 16 | 8 | 50.0 | 14 | 6 | 42.9 | 12 | 4 | 33.3 |
| 32 | 14 | 12 | 85.7 | 16 | 10 | 62.5 | 14 | 6 | 42.9 |
| 48 | 14 | 13 | 92.9 | 14 | 12 | 85.7 | 14 | 12 | 85.7 |

**3. 落花落果**　橄榄开花后如授粉、受精不良，或谢花后部分

花器官发育不良，花谢后 1 周便开始大量落花落果，一般 6 月中旬达到生理落果高峰期，至 6 月下旬落果日趋稳定，7 月上旬落果停止；壮旺的幼树抽夏梢也会引起落果。

乌榄自花授粉结实，其坐果率因品种、树龄、花期气候条件而异。一般幼、壮树坐果率比老弱树高，花期天气晴朗比阴雨连绵坐果率高。乌榄开花后，如果授粉受精不良，花谢后 5～7 天陆续出现大量落花落果，此后至采前都很少发生生理落果。6 月幼果迅速膨大，6 月下旬核和核仁开始硬化，7 月下旬核仁渐趋发育完好。

由于橄榄的果实充实和果核硬化期开始比秋梢期早，而结束期相同，营养生长和生殖生长矛盾十分突出，在大田观察到，大量挂果的橄榄树当年秋梢很少，来年产量很低，不及 1/5，大小年十分明显，因此秋梢前重施促梢壮果肥是保证稳产的关键措施之一。

在花蕾期、谢花期和幼果期分别喷施核苷酸、果特灵等保果剂，或者 0.2％硼砂加 0.3％尿素喷施，对保花保果、提高坐果率有显著效果。在终花期和花后两周喷布 CTK 和 2，4-D 也能够显著提高坐果率。

首先，将春后开花前深翻施肥提前到年前秋末 10 月份深翻重施有机肥，可以促进橄榄采后树体恢复和主要结果母枝秋梢的花芽生理分化的完成。这样有利于翌年提高坐果率和产量，克服大小年结果现象。其次，适当早采有利于橄榄花芽生理分化完成，增加花、果量和提高坐果率，从而提高产量。

## （四）果实

**1. 果实生长动态**　谢花后 6 月中旬，幼果细胞迅速分裂和体积增大（图 2）。果实纵横径均增长较快，纵径增加比横径快，增长率至 6 月下旬达高峰，至 7 月上旬种胚继续发育，果核开始硬化，果径增加较慢，直至成熟期果实纵横径增长曲线平缓，一般情况橄榄果实生长到 8 月初大小稳定，8 月以后至成熟是果实内含物不断充实品质形成和果核硬化期，至 11 月成熟采收（表 9）。

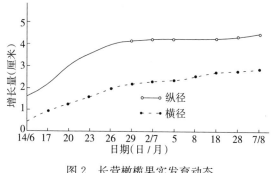

图 2　长营橄榄果实发育动态

（郑家基，1988）

**2. 果实形态、生理成熟时期及其影响因素**　橄榄果实由子房发育而成，通常分为果肉和果核两大部分。果实为核果，其形状因品种而异，有梭形、卵圆形、椭圆形等，大小也与品种有关。果肉包括外果皮和中果皮，均为可食部分。外果皮为排列整齐的表皮细胞层，外覆盖透明光滑的角质，表皮细胞外壁厚，是由薄壁细胞经过细胞的栓化与角质化增厚而来，有分枝的纹孔道从细胞腔辐射出，胞腔大，通常充满榄脂汁，细胞形状有等径、侧偏、径偏等形态。单果重 4～20 克不等，果色有青绿色、黄绿色、黄色、淡黄色等，果肉有白色、黄色、乳白色。果核两端锐尖，核面有棱，横切面圆形至六角形，内有种仁 1～3 粒。

橄榄早熟种 10 月可采收，中熟种 11 月采收，迟熟种 12 月采收。

植物生长调节剂（CTK 和 2，4-D）能够显著提高橄榄果实的纵横径和可食率等物理性状。蔡丽池等研究 CTK 和 2，4-D 对橄榄果实的影响，结果表明：CTK 和 2，4-D 能极显著提高橄榄花后14 天坐果率和采前坐果率，显著增大果实纵、横径和单果重，从而提高橄榄的产量，且对橄榄果实品质影响很小。

## 表 9 橄榄开花结果物候期

（许长同等，1994）

单位：日/月

| 品种 | 年份 | 现蕾期 | 始花期 | 盛花期 | 终花期 | 幼果期 | 果实膨大期 | 果核硬化期 | 生理落果期 |
|---|---|---|---|---|---|---|---|---|---|
| 檀香 | 1992 | 15/5～24/5 | 24/5～25/5 | 25/5～30/5 | 13/5～21/6 | 13/5～14/6 | 31/5～13/7 | 13/7～2/10 | 13/5～14/6 |
|  | 1993 | 16/5～24/5 | 24/5～25/5 | 25/5～30/5 | 31/5～20/6 | 30/5～12/6 | 30/5～12/7 | 12/7～2/10 | 31/5～15/6 |
| 惠圆 | 1992 | 20/5～22/5 | 22/5～30/5 | 31/5～7/6 | 8/6～14/6 | 8/6～11/6 | 8/6～19/7 | 13/7～2/10 | 11/6～14/6 |
|  | 1993 | 21/5～23/5 | 23/5～31/5 | 31/5～8/6 | 8/6～15/6 | 7/6～12/6 | 7/6～18/7 | 10/7～2/10 | 10/6～15/6 |
| 长营 | 1992 | 11/5～14/5 | 15/5～25/5 | 25/5～31/5 | 31/5～14/6 | 31/5～14/6 | 31/5～19/7 | 13/7～1/10 | 12/6～14/6 |
|  | 1993 | 9/5～14/5 | 15/5～25/5 | 26/5～30/5 | 30/5～12/6 | 30/5～14/6 | 31/5～19/7 | 13/7～2/10 | 7/6～15/6 |
| 自来圆 | 1992 | 14/5～16/5 | 19/5～21/5 | 22/5～30/5 | 31/5～21/6 | 30/5～14/6 | 31/5～19/7 | 13/7～2/10 | 7/6～15/6 |
|  | 1993 | 13/5～15/5 | 15/5～20/5 | 20/5～30/5 | 30/5～20/6 | 31/5～15/6 | 30/5～18/7 | 10/7～2/10 | 8/6～14/6 |

# 四、对环境条件的要求

## （一）土壤

橄榄对土壤的适应范围比较广，耐贫瘠，粗生易长。从江河沿岸的冲积土到红壤丘陵地均可种植，特别是丘陵缓坡地的沙质土和红壤土最适于橄榄生长，且寿命长，高产稳产。福建闽侯、闽清多种在闽江两岸冲积土的沙洲地和低丘陵的山坡地上，其土壤质地大多为沙质土和沙质红壤土。广东的广州郊区、增城、揭西、普宁，福建莆田的走马亭，都在山地栽培，树龄达百余年，而且年年丰产。从福建的主产区看，橄榄适应于 pH4.5～6.5 的土壤上种植。总的来说，橄榄适于沙质、砾质壤土或土层深厚的冲积土、山地红壤，过于潮湿的黏土则不适宜。

## （二）温度

橄榄原产于我国南部，性喜温暖，畏霜冻，最适生长温度为 20℃左右。温度是限制橄榄经济栽培适宜区的主要因子。在生长期间需要有适当的温度，才能生长旺盛、结果良好。我国栽培橄榄的地区最北至北纬 28.2°的浙江温州的瑞安、平阳，其年均温为 18.6℃，但冬天易受冻害，生长结果不良，表现不适应。广州橄榄产区平均温度为 22.2℃。广东英德以北很少栽培。福建主产区闽侯、闽清年均温为 19.6～21.1℃。许长同（1999）调查了福建橄榄产区温度条件，认为年均温 19.7℃以上，大于 10℃年活动积温 6 450 小时，日极端低温－3℃持续时间不超过 3 小时，连续出现不超过 3 天的地区，均适宜于橄榄的发展。李纯等（1995）在桂林雁山试验，认为广西在桂林以南、在极端最低温度－4℃以上的地区可以推广种植。

温度过低，橄榄易受冻害。如闽侯沙堤村 1995 年 1 月 11～12 日气温降至－5～－4℃，有一半左右的橄榄树顶部和外围的嫩枝梢受冻如烧。一般来说，橄榄产生低温伤害的程度主要受温度降低的程度、低温持续的时间及树体的抗寒力的影响，此外还与地势、空气相对湿度等有关。

近年来，关于橄榄冻害情况的调查研究颇多。例如：许长同等（1992）调查福建闽清 1991 年橄榄大冻害情况认为，橄榄承受极端低温临界温度为－3℃，日平均气温为 1.3℃，低温持续时间为 2 天以内；南坡的橄榄比西、北坡冻害轻；橄榄枝叶在－2℃下持续 3 小时，就会有轻度的水渍状冻害，持续 6 小时产生中度冻害，12 小时则产生严重冻害；低温达－4℃时，树顶和外围的嫩梢即受冻而枯焦。黄吉明（2006）对闽江上游北岸橄榄冻害情况进行调查，由于 2004—2005 年受两次强冷空气的影响，橄榄发生冻害面积达 101.8 公顷，占总面积的 94.3％。导致 2003 年新植的橄榄全部冻死，沿江 3 个村的大部分成年橄榄树 20％的叶片和新生枝条受冻，冻害程度达 1 级；内陆的 15 个村，橄榄受冻严重，1～2 年生橄榄树全部冻死，成年树受冻程度达到 3 级。

陈益鎏（2011）调查了福州市闽侯县鸿尾乡、白沙镇等地的橄榄霜冻情况，调查表明：自来圆、长营品种的抗寒性比惠圆、檀香等品种的抗寒性强。根据果树物候期的不同，抗冻能力从弱到强依次为：幼果期＜谢花期＜盛花期＜初花期＜蕾期＜春芽萌动期＜未萌动。凡洼地、盆地、山谷等地形的橄榄霜冻重，持续时间长；北坡重南坡轻，陡坡重缓坡轻；山脚霜冻重，山坡中段和山顶轻；江、河、湖、水库沿岸冻害发生轻。曹茜（2016）通过分析福州橄榄在生长过程中与气象条件的关系中表明，影响橄榄生长发育的关键气象因子主要包括冬季的低温霜冻，秋梢抽生期、花芽形成期的日照、气温，花果期的降水量等。根据这些因子的影响机制及福州地区特定的地理、气候及环境条件，提出选择适宜发展的种植区、促秋梢、控冬梢以及适时防旱排涝等栽培管理措施，从而为橄榄生长发育提供良好的环境条件。

不同品种的耐寒性是不同的。王剑等（1995）以檀香等3个品种为材，观察其枝条在不同低温下组织的电解质渗出率，结果表明，0℃时檀香开始发生冷害，−2℃是惠圆、长营的临界低温。郑家基等（1996）以檀香、惠圆等6个品种为材料研究了其耐寒性，结果表明，叶片空隙率大小与耐寒性关系密切，叶片空隙率小的品种，耐寒性较强。张家栋（1997）在观察橄榄各器官受冻害的临界温度的实验中表明：叶的临界温度为−2～0℃，小枝、梢的临界温度为−3～−2℃，主干（枝）的临界温度低于−3℃。随后他也提出橄榄种植要遵循适地适树原则，需要通过试验引导生产。曾明辉（1999）对福建橄榄，运用叶片组织结构与耐寒性关系的快速测定法来鉴定橄榄品种间抗寒力的强弱。

韦晓霞等（2004）对9个橄榄品种的耐寒性的研究结果表明：抗寒性较强的品种为丁香；抗寒性中等的品种为羊矢、葡萄、长营、自来圆、惠圆；抗寒性较弱的品种为檀香、刘族本、冬至圆；其次认为超氧化物歧化酶活性、过氧化氢酶活性、过氧化物酶活性、可溶性蛋白含量、可溶性糖含量与品种的耐寒性呈正相关。韦晓霞（2006）采用石蜡切片法，探讨橄榄叶片结构与其生态适应性及抗寒性的关系中表明：长营、羊矢、丁香、同浦的细胞结构紧密度较高，细胞结构疏松度值较低；自来圆、惠圆、檀头的细胞结构紧密度值和细胞结构疏松度值中等；檀香、四季榄的细胞结构紧密度值较低，细胞结构疏松度值较高，这与田间观察到各品种的抗寒性大小及前人对橄榄抗寒的研究结果较为一致，表明橄榄叶片细胞结构紧密度值和细胞结构疏松度值与橄榄的抗寒性同样具有相关性。

　　橄榄冻害的发生一直是橄榄能够进行大规模生产和推广的重要制约因素。如何提高橄榄的抗寒性是目前橄榄研究工作的重点。主要包括筛选抗寒性品种及橄榄果园防寒。

　　首先，在筛选抗寒性品种方面，科研工作者也在不断研究。彭远琴（2018）通过对福州市果树良种场的 23 个橄榄品种（系）的耐寒性生理指标的主成分分析以及耐寒性综合评价，将 23 个橄榄品种（系）分为 2 类，其中耐寒性强的品种（系）包括白沙檀香、浙江平阳 1 号、揭西香榄、马坑甜榄、兰山 1 号、长营、三棱榄；耐寒性中等品种包括自来圆、意溪榄、鸿运榄、电白二头尖榄、白沙甜榄、惠圆、北溪檀香、梅埔甜榄、珍香、永定仙师务田 3 号、七粒尺、闽清 2 号、永定湖雷尚北 1 号、白圆榄、电白青皮榄、四川汤圆。本次耐寒性综合分析方法与田间调查结果保持一致，因此在选择橄榄引种品种时，可以参考橄榄耐寒性生理指标以及田间调查结果来进行选择。

　　其次，提高橄榄果园的防寒措施也是非常重要的一方面。防寒抗冻措施主要在园地选择、品种选择、增强树势、冬季培土覆盖、灌水、"打伞"包扎、人工熏烟等几个方面开展。

　　**1. 园地选择**　园地种植地的极端气温不能低于 $-3℃$，坡地以南向为宜，附近若有大的水系更好，如比较大的江、河、湖的沿岸。

　　**2. 品种选择**　自来圆、长营等品种抗寒性比惠圆、檀香等强，可作为抗霜冻首选主栽品种。

　　**3. 增强树势**　在霜冻来临前 5～7 天施一次以磷、钾为主的速效水肥或喷施叶面肥，以提高树体内细胞液浓度，增强树体抵抗能力。

　　**4. 冬季培土覆盖**　在霜冻发生前进行一次培土加厚土壤，树下覆盖稻草、芦苇、草木灰或地膜，不仅可以提高土温，防止受冻，还能起到保墒作用。

　　**5. 灌水**　在霜冻天气到来前灌水，增加土壤湿度，使果园土壤持水量达65%以上，可以提高土壤温度；灌水还增大了土壤的热容量和导热率，使土壤降温缓慢；灌水后近地空气湿度增加，降温时水汽易于凝结，放出热能，可阻止或缓和温度下降。

**6."打伞"包扎** 在幼年树上比较常用。在霜冻发生前用稻草将其顶部捆扎紧，用竹竿撑起散开（如伞状）罩于枝梢之上，可使枝梢免受冻害。成年树用稻草等将其主干、主枝包裹捆绑，也可有效减轻冻害。

**7.人工熏烟** 在霜冻来临前，在果园低洼处点燃硝酸铵、锯末、磷矿粉和柴油等混合物，形成熏烟，不燃明火，直到次日日出，可以阻止或减少霜冻。燃烧释放出热量，近地水汽在吸湿性烟粒上凝结，释放出热能，起到增温的效果。近年来实践证明，利用燃烧化学烟雾剂制造烟雾来防霜，其浓度大，范围广，持续时间长，大大提高了防霜冻效果。

除此之外，对橄榄树冠处喷布抑蒸保温剂也可以增强其抗寒性；其次橄榄主干刷白也能保护树体免受冻害。

## （三）水分

橄榄的主根发达，吸收土壤水分能力较强，抗旱能力强，但喜湿润，忌积水。福州1962年秋至1963年初夏连续210天未雨，闽江两岸橄榄依然生长结果良好。橄榄对短暂洪涝也有一定耐力，闽江春夏时常发洪水，两岸橄榄经常被洪水淹至主枝以上1～2天，退洪后橄榄生长依然正常，但会造成不同程度落果。橄榄长期浸水，轻则烂根、生长不良，重则枯死。据调查，橄榄在生长发育的3～9月，月均降雨100毫米以上就能满足生长。因此，橄榄在年降雨量1 200～1 400毫米地区即能正常生长。5～6月若雨量过多，极易造成烂花或花药不散，不利于授粉受精；7～8月幼果长大时，需要适当的雨量。福建、广东4～5月多雨，秋冬少雨，基本上能满足橄榄生长结果的要求，但秋旱对果实生长不利。

## （四）光照

橄榄喜光，但忌暴晒，不喜强烈日光，耐阴性较强。适当的日照有利于加速花药成熟和花粉的散发，提高坐果率。光照过强则花丝凋谢，柱头黏液干枯，不利授粉受精。6～9月份是橄榄果实生长的关键时期，对日照的要求比重大，占全生育期的54%。结果期要求较强的光照，以满足果实发育所需，否则将因光合作用效率低而减产。

## （五）风

福建沿海地区每年在7～9月台风频繁，此时正值福建橄榄栽培区果实膨大期，倘若遇到中到大的台风、风力达8～10级时，常会造成断枝落果，当风力达10级以上时，土质松的地方，有的橄榄树会被吹倒而死亡，严重影响产量。

# 五、建园和栽植

橄榄园的建立是橄榄树丰产、稳产、长寿的基础。因此，要根据橄榄的生长发育习性及其对环境条件的要求，对不同园地进行全面规划、合理设计，为橄榄速生丰产创造良好的生长环境。

然而，目前我国橄榄主产区却存在不少的高龄低产的橄榄园，主要原因是所栽培品种价格较低，农民管理积极性不高、管理粗犷进而导致树势衰弱、病虫害严重。因此需要对这些老果园进行旧园改造，通过高接换种改良橄榄园的品种构成，通过断根与改良土壤促进橄榄根系更新；同时优先采用生物防治与低毒药剂结合的方法防治炭疽病与橄榄星室木虱等主要橄榄病虫害。

据近年来相关研究加以总结，橄榄果园建设时应注意以下事项：橄榄怕冷怕涝，适栽地的纬度与海拔不宜过高。因此，以福建和广东的低海拔、排水良好、土壤呈中性或微酸性的地区为宜；建设的果园应合理规划道路，方便人工与机械操作；选择橄榄品种时重视地方特色品种并根据市场需求栽培主流品种；可于霜冻结束的春季或秋梢停止生长的晚秋以5～6米的株行距种植营养袋小苗；种植的苗木应注意肥水供给及病虫害防治。

## （一）园地选择

山地、平地均可种植橄榄，但橄榄喜光、喜湿润又怕积水，因此宜选择地势较平缓的山下坡、山脚或山地作为建园的园地。橄榄的生长要求是年平均气温20℃左右，年极端低温不低于－3℃，冬季无严重霜冻的地区。因此园地的选择一般要注意坡向和土壤两个方面。一方面在山地建园时应注意坡向。在冬季霜冻严重地区，宜选择南向或东南向，在沿海地区常有东北台风，宜选西南方向；另一方面是橄榄园的土壤要求：一般在土层厚度 1 米以上、地下水位 1.5 米以下、含有机质 1％以上、土壤 pH 为 5.0～6.5 的壤土和冲积沙壤土均可种植；长期积水和黏重壤土不宜种植。最后还应避免在台风、冰雹等严重自然灾害常发地区建园。

## （二）园地规划设计

橄榄园的规划应根据橄榄生长的特点及其对外界环境的要求，遵循因地制宜，全面规划，合理布局，着眼长远，立足当前的规划原则，实行果、水、林、路的综合治理。园区规划主要包括小区的划分、道路和排灌系统的规划、包装场地和建筑物的设置、防护林的营造等几个方面。

**1. 小区划分** 应根据地形、地势、土壤等自然条件将整个橄榄园划分为若干个作业小区。山区、丘陵一般按等高线横向划分；小山体可按山区大小一山一区，平地可按原有的水利系统划分小区。山地自然条件差异大，灌溉和运输不方便，小区面积宜小，一般 1～2 公顷为一小区；地势平坦的地带，小区面积可 3～8 公顷。

**2. 道路系统** 道路系统的规划应以建筑物为中心，坚持便于全园的管理和运输的原则进行设计。主要由主干路、支路和小路组成。主干路要求贯穿各小区，使之成为小区的分界线，路面以双车道为宜，宽度一般为 6～8 米；支路是果园小区之间以及小区与主干道的通路，路面宽 2～4 米；小路是田间作业用道，以方便农事操作，如使用机动喷雾器、搬运采果梯及果实的运输等，路面宽 1～2 米。

**3. 水利系统** 水利系统应以蓄为主，以提为辅，蓄引结合，做到旱时能灌，雨时能排。

平地橄榄园的水利系统主要是修筑网状排水系统。灌溉渠常修果园道路系统的旁边，且要高出地面 30～50 厘米，路渠交叉处还要埋设暗涵管；排水渠的修建也是非常重要的，排水渠要深到地下水位以下，最低也要 1.5 米以下，与畦面排水沟构成网状排水系统。

山地橄榄园的水利系统主要包括拦洪沟、山边沟、纵排水沟、横排水沟、蓄水池及输水管、喷滴灌设施等。

## （三）整地和改土

**1. 平地建园**　先将地面杂物清除并平整，再根据果园地形地势进行规划。首先进行现场测量，划出道路、排灌沟渠及小区边界线的位置；接着修筑主干路、支路和小路、道路系统；最后再修筑灌溉渠、排水渠和防护林等。

平地建园应根据地下水位的高低不同而采取不同的筑墩方式。地下水位较低用客土或定植穴周围表土筑成直径 1 米左右、高约 50 厘米的土墩待植；地下水位较高在筑墩的同时要深挖 0.5 米以上的畦沟，整成高畦式园地，同时每隔 50 米建深 1.5 米以上的排水沟渠，以利排水。

**2. 山地建园**　山地建园前首先应根据果园规划图与施工图，标记道路系统和排灌系统及附属建筑物的位置和走向；其次应按顺序修筑道路与排灌系统。同时修筑拦洪沟、排水沟，以拦蓄山水、防止雨水冲毁路基，还可蓄水供施工用。最后修筑等高梯田或鱼鳞坑。

修筑等高梯田时，一般坡度在 15° 以下的山坡地，梯面宽约 6 米的等高梯台，15° 以上的，梯面宽约 4 米的等高梯台，25° 以上不宜修筑梯田。梯田面要外高内低，倾斜 60°～70°，保留山地表层土作为梯田表土。

梯面整平后，开始开挖定植穴。定植穴的长宽一般各深 1 米，经 30 天以上晒穴晒土后，然后回填基肥，分 2～3 层回填稻草、有机肥、石灰等，株用量各为 50 千克、50 千克、1.5 千克，堆土起墩高约 0.5 米，待穴土沉实后再定植。

山地果园建设亦可劈草后采用鱼鳞坑种植，即挖品字形穴，或爆破开穴。实施爆破开穴者应持有爆破许可证，并要注意现场安全；也可以采用机械开垦梯田和挖穴，这样省时、省工且效率高。

## （四）栽植

**1. 定植苗的选择**　首先根据建立橄榄园的市场定位，确定橄榄品种的栽培类型，如鲜食型、加工型或两用型。其次再根据果园的气候、土壤条件、当地和周边人民的消费习惯及国内市场需求，确定适宜的栽培品种。

此外在确定栽培品种时还应注意以下几个方面：一是注意苗木质量。包括苗木高度和径粗、嫁接愈合度、芽的发育状况等。二是注意病虫害。要没有机械损伤、无病虫害的苗木。三是注意苗木新鲜度。选购的橄榄苗木，应树皮新鲜光滑、失水少、无皱皮。

**2. 定植时间**　在定植穴沉实后，即可选择适宜的时间栽植橄榄苗木。福州地区传统的定植时间一般在春季3～4月种植，各地区可根据本地的气候情况一般选择霜期结束后就可以种植。营养袋小苗四季均可栽植，且成活率很高。但冬季有寒冻的地区应避免在冬季或晚秋定植，以春季定植为宜，以免受冻。营养袋育出的苗木，定植时要去掉苗木外层的营养杯，以促进橄榄幼苗根系生长。

（1）秋季定植　橄榄秋季定植后，因气温降低但土温仍较高，枝叶不再生长而根系却还在生长，此时定植可以减小枝叶生长对水分的大量需求，树体耗水量较小，而栽植后根系又可继续生长，能及时恢复供水能力，所以秋季定植是比较理想的定植时间。但在冬季有低温寒冻威胁的地区，不宜进行秋季定植，应进行春季定植。

（2）春季定植　春季栽植宜在春梢萌动前进行。春季栽植，气温回升，雨量多，一般栽植的成活率较高。

**3. 栽植密度**　应根据繁殖方法、立地条件及栽培措施而定。合理的密植可提高土壤覆盖率。但密度不易过大，否则易过早封行，影响结果。一般来说实生种植，山地果园 18～20 株/亩，平地果园 12～18 株/亩；嫁接种植，准备嫁接的山地果园 30～35 株/亩，平地果园 25～30 株/亩。

**4. 种植方法** 种植时，首先每个定植穴要进行堆培肥土或山皮土 25 千克，与 0.1 千克钙镁磷肥充分混合后开穴；其次将营养袋小苗竖直地放入穴中，割去塑料薄膜袋，保持土球不松散，由下往上逐层堆土填实，苗木入土高度以土球表面为准，堆好的种植穴宜高出地面 0.2 米左右，呈四周高中间低圆盘状。最后浇足定根水，在树盘周围覆盖地膜、稻草以保湿。

种植裸根苗时，首先用黄泥浆根再栽植，或者在定植穴内打浆后再将苗木放入进行定植，并使苗木根部在黄泥浆中摆布均匀。其次边填土，边向上稍稍提苗；踏实土壤，使根系与回填土紧密黏合，再覆盖杂草、绿肥等。裸根苗在浸浆时，要用浓度为 20 毫克/千克的萘乙酸或 50～100 毫克/千克浓度的 ABT 进行生根粉处理，这样既能显著提高栽植成活率，也能促进苗木迅速生长。

**5. 种植后管理** 定植后的苗木要及时采取措施进行苗木管理，以便提高小苗成活率。

（1）经常浇水 苗木定植后，半个月内要经常浇水，之后每隔 2～3 天浇 1 次水；定植 1 个月后，每周浇水 1 次，直至新梢老化；苗木成活后可勤薄施淡粪水。

（2）树盘覆草 树盘覆草既能保持土壤疏松、湿润，降低浇水次数，也能减少土壤温度的剧烈变化，从而为橄榄苗木根系的生长发育创造有利的环境条件。

（3）立柱防风 刚定植的苗木要用竹竿或木柱固定，以免被风吹动，影响成活率。

（4）病虫害防治 病害主要是叶斑病和炭疽病，可用 70％甲基硫菌灵可湿性粉剂 1 500～2 000 倍液进行防治；虫害主要是星室木虱、橄榄枯叶蛾、橄榄皮细蛾等害虫的危害，可用 20％灭扫利乳油 3 000 倍液进行防治。

（5）保暖防冻　橄榄幼苗易受冻害。要适当施磷钾肥，增强抗寒力。特别是在霜冻来临之前，要用稻草包扎橄榄苗木，且在地面覆盖塑料薄膜更好。大苗茎干涂白或主干包草也能进行防寒。

# 六、嫁接技术

## （一）幼树嫁接方法

果树嫁接是实现果树栽培丰产、优质、早产的栽培先进技术，是实现矮化栽培的关键技术，在果树生产上广泛应用。橄榄种植长期以来采用传统的实生苗繁殖栽培，主要是因为橄榄嫁接技术难，成活率低，成本高。20 世纪 80 年代后，橄榄种植面积迅速扩大，生产上急需解决橄榄嫁接问题，经过基层农技人员的长期实践和试验，在 20 世纪后期，橄榄嫁接取得突破性进展，嫁接成活提高到 60％以上，在生产上得以推广应用，进入 21 世纪，科技人员继续改进嫁接技术，目前嫁接技术日益完善、简单，成活率达到 90％以上。前期的橄榄嫁接技术主要应用于苗木嫁接繁育，但经过 10 多年的推广应用，发现种植嫁接小苗，种后两年生长正常，但试产以后，果树很快衰老成小老树，长不起来，产量很低，树体衰退，不具有生产效益，在苗圃内的小苗嫁接逐渐被生产淘汰。随后，基层农业科技人员进一步研究试验，橄榄嫁接以先实生苗种植栽培常规管理两年，离地面 10 厘米处径粗 5 厘米左右时进行幼树嫁接解决了小苗嫁接的生产问题，并在生产上广泛应用。目前橄榄栽培基本上采用该项技术，即幼树嫁接技术。

橄榄幼树嫁接技术是将橄榄小苗嫁接和高接换种技术两者结合起来，解决了嫁接小苗种植后生长未老先衰和高接换种不矮化和迟产的技术问题，实现了橄榄矮化、早产、丰产、优质栽培。

实生橄榄童期较长，树体高大，后代变异，嫁接橄榄早产、矮化、后代性状稳定、优良种性得以保持，是橄榄新品种推广、老果园更新换种和重要种质资源保存的关键技术。广东采用抽骨切接法，福建、广西多用嵌接和切接法。此外，还可采用腹接、劈接、贴接、芽接等方法。幼树嫁接，砧树截断处为砧树主干离地面50～60厘米，径粗5厘米左右，最小也要3厘米以上才能保证嫁接后生长结果正常，径粗小于3厘米嫁接后多表现生长慢，结果后树体容易衰退而失去生产价值，径粗3～5厘米的可采用切接法，5厘米以上的可采用嵌接法。

目前，橄榄嫁接技术很成熟，关键要掌握的技术要点：

**1. 用具准备**　橄榄嫁接需要准备嫁接刀、剪刀、手锯、保鲜薄膜、磨刀石等材料和工具。

**2. 嫁接时间**　橄榄嫁接的成活率与气候关系极大。福建闽侯以3月上旬至4月下旬为宜，尤其是4月中下旬，气温稳定在18～20℃时，在这段时间的无西北风的晴天嫁接，可以提高嫁接成活率，补接最迟在5月上旬前结束。广东等橄榄南部种植区根据气温情况可适当提早10～20天。

**3. 接穗的选择**　接穗必须采至生长结果表现优良的、性状遗传稳定的嫁接树，选择丰产、稳产、果实品质优秀的壮年树，取外围粗细适中、不弯曲、生长充实、芽眼饱满的1～2年生的平直枝条，截成30厘米长的接穗20～30条一捆，箱装或薄膜袋装，箱或袋上下左右和空隙处要填满苔藓或湿木屑，填充物湿度以手握能成团、放手能松开为适度。接穗最好随采随接，若需较长时间贮运，必须保存在5～10℃的低温或阴凉处，最长不超过5天。

**4. 砧木的选择**　选取生长两年以上的橄榄树为砧树，将砧树上部截断准备嵌接。福建闽侯、闽清采用羊矢等品种作砧木，莆田仙游多采用秋兰花品种。羊矢橄榄主要优点是亲和力强，主根发达，适应性强，适于山地栽培，结果早，树高大，经济寿命长，果大，品质佳。以羊矢、秋兰花作砧木，其缺点是主根生长优势强，要加以控制。广东过去用适于加工的大粒种作砧木，比较粗生快长。今后要向矮化密植栽培发展，要加强矮化砧木的研究开发。

此外，定植在大田的实生树换种，主干高接多采用嵌接法，主枝嫁接如果主枝径粗 10 厘米以下也可用切接法的。

**5. 嫁接方法** 以单芽或 2～3 芽嵌接和切接为好。为了克服单宁多和伤流多的问题，嫁接速度要快。接穗应选枝条红褐色或暗红褐色部分，前端嫩绿部分和后端枝条表皮木栓化的部分嫁接成活率低，一般不用。

幼树嫁接的优点：接穗利用率高，且省工本见效快；接后生长快，管理好的嫁接 3 年树干围径达 19.7 厘米，树高 2.23 米，树冠直径 1.57 米，比小苗嫁接的树干围径大 10 厘米，高 1.27 米，树冠直径大 0.71 米；小树嫁接 12 年生的，树干围径 59.3 厘米、树高 6.35 米，树冠直径 6.10 米，比小苗嫁接的树干围径大 24.3 厘米，高 2.78 米，树冠直径大 2.40 米。3～4 年就能少量结果；嫁接成活率可稳定在 80%～90%，如果接不活，当年 5 月初前能补接一次，或来年再接对树势影响不大。

（1）嵌接 适用于嫁接口径大于 5 厘米以上的砧木和嫁接枝。

①截干：离地面高 50～100 厘米截干。

②切楔形口：选主干东南向树皮光滑处以嫁接刀切一与接穗径粗稍小的三角形楔形口，长 5～6 厘米左右，并将三角楔形口面修平。

③削接穗：接穗选择枝条红褐色或暗红褐色部分，穗长 7～8 厘米左右的接穗，取留 2～3 个芽，基部削成 4～5 厘米长与砧树接口同样形状的三角楔形（接穗削面比砧树切口稍大和稍短）。

④插接穗：将削好的接穗对准主干楔形口的形成层迅速嵌入，并敲紧密切嵌合。

⑤绑缚：用 1.5～2.5 厘米宽的保鲜膜薄带从接口下方 3 厘米处开始环绕密封至上部接口绑紧，同时也将接穗以保鲜膜薄带包扎密封，也可用薄膜袋套高接口并绑紧，或用薄膜筒套高接口绑紧后

装入细润轻红壤，离接口 10 厘米绑口，然后盖上稻草或芦苇遮阴且绑缚牢固。

（2）**腹接**　适用于嫁接口径 3～4 厘米的砧木和嫁接枝。

①切嫁接口：选东南向树皮光滑处横切一刀至木质部，然后刀口向下稍向内（即上浅下深）带少许木质部斜削下 3.0～4.0 厘米，留 1.0 厘米将削下皮切断，削面口的大小视接穗大小而定。

②削接穗：接穗选择枝条红褐色或暗红褐色部分，穗长 5～6 厘米左右的接穗，取留 1～2 个芽，接穗枝梢带木质部平削长 3.0～4.0 厘米的削面（接穗削面比砧树切口大小相似和稍短）。

③插接穗：取短截接穗后插入切口，对准两边形成层，若砧树削面大要一边对准形成层。

④绑缚：用薄膜带从接口下方 3.0 厘米处开始环绕全密封扎紧至接口上方 3.0 厘米处绑扣牢固，离接口上方 20～30 厘米处绑缚一捆稻草遮阴并倒砧。

（3）**切接**　最适用于嫁接口径 3～5 厘米的砧木和嫁接枝，嫁接口径 5～10 厘米也可使用切接法。

①截干：离地面高 50～100 厘米截干。

②切嫁接口：选主干东南向树皮光滑处截面垂直向下带少许木质部削下 4.0～5.0 厘米，留 1.0 厘米将削下皮切断，削面口的大小视接穗大小而定。

③削接穗：接穗选择枝条红褐色或暗红褐色部分，穗长 5～7 厘米左右的接穗，取留 1～2 个芽，取接穗带木质部平削一刀长 4.0～5.0 厘米的削面，转背面 45°削切。

④插接穗：将穗接插入砧树削面，对准两边形成层，若砧树削面大要一边对准形成层，然后用薄膜带从接口下方 3.0 厘米处开始环绕全密封扎紧接口和接穗，上盖稻草捆遮阴且绑缚牢固。

⑤绑缚将保鲜膜切成宽 1.5～2.5 厘米左右的薄膜带，以膜

薄带从下而上将砧木切口和接穗全封闭绑扎，长出的芽可以穿破包膜，成活率很高且简易。4月下旬后嫁接的则需露芽口包扎。

## （二）高接换种

高接换种是果树生产常用的技术，主要针对衰老、结果不良、果实品质差、低产、严重病虫害的果树，或者品种更新换代的果园进行。橄榄高接换种除上述原因外，还有对高大实生树的改造，进行矮化栽培，便利果园人工管理。

**1. 砧木预处理** 橄榄高接换种一般树体高大，嫁接前需要砧木树进行预处理。即在嫁接前1～2个月对截主干的留1～2条弱枝或侧枝做抽水枝；如果高接位在主枝上，则截主枝的每枝也留1～2条弱枝做抽水枝。

**2. 主干高接** 成年树主干离地面50～100厘米高截干，采用嵌接方法根据主干径粗确定接2～4个接穗，一般直径10～15厘米接2穗，直径15～25厘米接3穗，直径25厘米以上接4个穗。

**3. 多主枝高接** 为加速高接换种投产，在人工成本、接穗源充足的情况下，可采用多主枝高接换种，一般高接换种后第二年即投产。目前福建闽清、闽侯鲜食橄榄种植区多采取多主枝高接，有的株接十几至二十几个接穗，第二年基本恢复生产，追求高投入高产出。多主枝高接可采用嵌接、切接方法，根据主枝径粗确定每主枝接1～2个接穗。

**4. 衰老树高接** 橄榄的不定芽具有较强的重新萌发力，衰老树在春梢萌发前1～2个月，留主干离地面高50厘米处截干，从主干上不定芽萌发的新梢经1～2年生长后，当新梢50厘米处径粗5.0厘米左右即可供高接。一般选择生长强壮的3～5条梢，留1～2条弱抽水枝，其余枝梢剪除，采用嵌接或切接方法，每梢接1个接穗，嫁接后经2～3年常规管理即可投产。

## （三）嫁接后管理

嫁接后管理包括剪砧、炼苗及水肥管理、病虫害防治等方面。嫁接后如气温稳定在 20℃以上，嫁接后 7～10 天 ，要及时检查是否愈合，若发现接穗萎缩干涸就要补接。一般 20～30 天后，愈合的接穗开始萌芽，如果愈合的接穗没有萌芽，就要考虑是否愈合不良，也要补接。采用嵌接法的，接穗萌发新芽在薄膜袋或简袋内生长，直到新梢顶部顶到袋顶并卷曲生长时，在新梢处挑破薄膜袋或简袋露出洞口；采用切接和腹接法，先在接口上方 10～15 厘米处将砧木剪断，待接穗芽长到 20～25 厘米时，在接口上方 3～4 厘米处将砧木剪断。接穗萌芽后，会破膜而出；剪砧后正值高温多湿季节，要及时抹除砧芽，同时接穗新梢长 20 厘米以上时，立一支牢固的杆将新梢绑在支杆上，以防嫁接新梢被风吹雨打折断，直到第二年。

# 七、土、肥、水管理

## （一）土壤管理

土壤管理是实现橄榄果园优质高产的重要手段之一。通过土壤管理既能控制杂草生长、保持土壤生产力、防止水土流失，又能改良土壤理化特性、促进有益微生物活动，为橄榄的生长发育创造良好的地下环境。我国橄榄的产区高温多雨，在丘陵山地红壤土上种植橄榄，有机物质分解快，易淋洗流失；铁铝的富集，土壤呈酸性反应，使得土壤具有旱、黏、瘠、酸的特性，不利于橄榄的生长发育。因此，必须抓好土壤改良、中耕除草、覆盖、间作以及培土等多方面的工作。

**1. 扩穴改土**　山地果园苗木定植后 2～3 年内，每年秋、冬季时，对种植穴两侧及内、外台面进行有计划的全园扩穴改土。原则上是在与原种植穴不留隔墙处，挖宽 1 米、深 0.8 米、长适度的壕沟；然后分 2～3 层回填稻草、畜粪肥、过磷酸钙、石灰等，株用量各为 50 千克、50 千克、2.5 千克、1.5 千克，堆土起墩高约 0.3 米，以备穴土沉实。

**2. 建台整园**　对采用鱼鳞坑方式建园的，要采取建台整园的措施，结合扩穴改土，逐年对果园进行平整建台。

**3. 套种**　橄榄树童期较长，从种植到树冠封行至少需要 10 年以上的时间，果园投资期长，收益慢，且橄榄树种植株行距比较宽，橄榄树根也较深生。为了提高果园效益，充分利用土地，增强土壤肥力，提倡新建橄榄园套种果树、中草药、花卉、蔬菜、绿肥等，从而改善橄榄树生长的立地条件，增加园区收入，提高土壤覆盖度，蓄养水分，提高土壤肥力和改善果园生态环境。

（1）套种模式

①套种果树模式：要根据橄榄园的规划，制定套种果树的种类及间伐时间，当然也可根据市场需求变化，随时间伐经济效益差的品种。套种的果树品种宜速生、快长，投资少，见效快，最好是小乔木、灌木型果树，如桃、李、奈、枇杷等。

②套种中草药模式：随着我国中药医学被越来越多的国家所认可、接受，中草药的需求也越来越大，可以考虑在橄榄园内套种中草药，我国不少地方都有果药间套种的成功经验，如北京市大兴区在梨园中套种菊花、紫苏、牛膝和补骨脂等；河北省井陉县在苹果树下间套种郁金、白术、菊花等；浙江省鄞州区在梨树下种丹参；四川省金堂县在柚园中套种天麻、川芎等，目前在四川、陕西、贵州、湖北、安徽等省的不少果园中，都推广应用了果药间套模式。南方橄榄园可套种桔梗、天南星、半夏等中草药。种植中草药前应分析当地的市场行情和种植环境，不要未经试种就大规模种植。

我国是桔梗的原产地之一，现在全国各地均有栽培。桔梗性喜凉爽湿润，但怕风害、易倒伏、忌积水。注意：桔梗为深根性植物，当年主根长可达15厘米以上，采挖时，根长可达50厘米，所以栽培时应离橄榄树远一点，以利于桔梗的采挖。

天南星为天南星科多年生草本植物，有毒，我国南北地区均有栽培。株高40～90厘米，对土壤、气候要求不太严格，一般生长在阴坡湿润的树林中，喜温和湿润气候，耐寒，以肥沃含腐殖质较多的壤土或沙质壤土种植为好，天南星怕旱又怕涝，但黏性过重和排水良好的地方也可栽种。天南星种植在果园里，它的毒性能够很好地控制鼠、兔等对果树根部、树干及果实的危害。

半夏为多年生草本植物，高15～30厘米，花期在5～7月，果期在8～9月，浆果成熟时呈红色。半夏根较短，喜水、肥，全国各地均有种植。

③套种豆科作物模式：豆科作物自身大部分都有根瘤菌，能起到固氮改良土壤作用。主要品种有：黄豆、蚕豆、赤豆、绿豆等。

④套种蔬菜模式：蔬菜具有生长期短、根系浅、收获次数多、效益明显的特点。其主要品种有青菜、萝卜、大白菜、辣椒、马铃薯、大蒜等。

⑤套种瓜类作物模式：瓜类作物经济价值较高，但风险也较大，而且瓜类作物吸肥大，枝蔓生产量大，应在施足底肥、加强枝蔓的管理上做好。其主要种类有西瓜、甜瓜、南瓜和冬瓜等。

⑥套种绿肥模式：种植绿肥可以增加土壤有机质，抑制果园杂草为害，调节土壤温度，山坡地种植绿肥还能防止水土流失，同时绿肥又可作为果园覆盖和扩穴改土材料。在国外商品化果园中，种绿肥已成为一种常用措施。

适合南方橄榄园套种的绿肥有紫云英、豌豆、籽粒苋、多变小冠花、百脉根、紫花苜蓿、红豆草、早熟光叶紫花苕、印度豇豆等。

紫云英是豆科黄芪属越年生草本植物。主根入土40～50厘米。侧根入土较浅，株高80～120厘米，喜温暖的气候，抗旱力弱，耐湿性强，适于湿润而排水良好的土壤。

印度豇豆是豇豆属一年生热带豆科牧草，固氮能力强，广泛分布于热带、亚热带地区。印度豇豆喜温暖湿润气候，耐旱、耐热，但不耐霜冻和水淹，对土壤要求不严，种植管理容易，投入成本低。印度豇豆高50～60厘米，根系主要分布在0～40厘米土层。

（2）套种注意事项

①套种品种要适宜：不要套种番石榴、柑橘、杧果等害虫寄生的树种，因为橄榄星室木虱会在番石榴树上越冬，广翅蜡蝉会寄生在柑橘、杧果等果树上。

②套种作物高低要适宜：不要套种诸如玉米、高粱等高秆作物，以免造成橄榄的遮阴，从而影响橄榄树的生长。一般套种浅根

性、低秆作物。

③套种距离要适宜：不宜紧挨树干或树冠下种植，以免妨碍树体和田间管理。

④套种施肥要适宜：套种的作物难免要与橄榄争夺水肥，因此，套种后要根据各种作物的特性，加强水、肥管理。

**4. 生草栽培** 生草栽培是在果园株行间选留原生杂草，或种植非原生草类、绿肥作物等，并加以管理，使草类与果树协调共生的一种果树栽培方式，也称为仿生栽培。

生草栽培不但可以改善果园小气候环境，同时也能改善果园的土壤环境。生草栽培一方面增加了果园土壤有机质含量，使土壤养分供给全面且果树营养供给均衡，从而改善果实品质，另一方面增加果实可溶性固形物含量及果实硬度，促进果实着色全面，提高果实的抗病性和耐贮性及减少生理病害，从而提高果品的质量。实验研究表明通过对山地橄榄园连续4年种植牧草羽叶决明，土壤理化性状显著改善，不同土层的土壤容重明显下降，孔隙度、土壤含水量、土壤有机质含量、速效氮、磷、钾含量明显上升，生草区橄榄的产量增幅在10%左右。

生草栽培是保护环境，减少土壤流失和病虫发生，提高土壤质量，降低生产成本的绿色高效栽培方式，目前在福州橄榄产区得到全面推广。

农业部中国绿色食品发展中心1998年正式将果园生草纳入绿色食品果业生产技术体系，在全国推广。国内外一些研究发现，生草果园在头3年左右的时间里，会表现出土壤有效态氮含量下降，但以后表现正常且有逐渐增加的趋势。因此，果园生草栽培的前3年必须注意适当增加氮肥用量。

余述2014年报道，对山地橄榄园连续4年种植牧草羽叶决明。橄榄园生草促进了土壤理化性状的改善，不同土层土壤容重均有不同程度的下降，0～10厘米、10～20厘米土层土壤容重显著低于对照，分别下降了 0.33 克/厘米³、0.21 克/厘米³；不同土层土壤孔隙度均较对照有所提高，0～10 厘米、10～20 厘米土层土壤孔隙度显著高于对照，分别提高 18.2%、14.0%；10～20 厘米土层土壤含水量显著下降，30～40 厘米土层土壤含水量显著提高；0～20 厘米土层土壤碱解氮、有效磷、速效钾、有机质含量均显著高于对照，其中以速效钾含量增幅最大，增幅达 210.2%；2009—2012 年橄榄亩产量显著提高了 8.0%～11.1%。

草种选择原则：人工种草要因地制宜选用草种，一般选择适应性强，植株矮小，生长迅速，鲜草量大，覆盖期长，再生能力强，耐践踏，固氮能力强，根系发达，茎叶密集的草种，最好是豆科草种和禾本科草种混种。自然留草的草种可利用当地的杂草资源配套种植，最好选用生长容易、生草量大、矮秆、根浅、与果树无共同病虫害且有利于果树害虫天敌及微生物活动的杂草，如野艾蒿、商陆等。

（1）人工种草常用草种

①百喜草为禾本科雀稗属多年生草种，适于年降水量在 750 毫米以上的地区栽培。百喜草适应性强，对土壤要求不严，既耐高温干旱，也耐低温和水淹，可分蘖繁殖，生草量大，70% 的根系集中在土表 30 厘米内，自然生长高度 40～50 厘米。

②白三叶草属宿根性匍匐生长的多年生豆科植物，集中生长在土表 20 厘米内，自然生长高度 25～35 厘米，喜阴凉、湿润的气候，最适生长温度为 16～25℃，喜光性较强，茎叶含氮量高，适合幼年果园种植。对土壤要求不高，耐贫瘠，但不耐旱。

③藿香蓟为菊科藿香蓟属多年生草本植物，株高 20～30 厘米，喜温暖和阳光充足环境，不耐寒，怕高温，在酷热下生长不良，根系浅，对土壤要求不严，其花粉是捕食螨的食料，促进捕食螨的栖息繁殖，对控制混合果园内红蜘蛛的危害有重要作用。

④商陆系商陆科商陆属多年生草本植物，高 50～150 厘米，分

布在热带至温带地区，为多年生宿根性草本植物，在我国分布在除东北、内蒙古、青海、新疆等地的大部分地区。商陆生物量大、生长快、地理分布广、适应强、容易收获，其肥效高于紫穗槐、苜蓿、紫云英、蚕豆、豌豆、绿豆等已知常规绿肥，更重要的是商陆还是一种高钾作物，而且具有耐锰性和对锰的超积累能力，可以修复受锰污染的土壤。

⑤黑麦草为禾本科多年生植物。根系集中在20厘米内，自然生长高度30~50厘米。

（2）种后管理

①加强苗期管理：种草后，要查苗、间苗、补苗，遇到雨天，应及时松土解夹，并应结合中耕，清除杂草。

②加强肥水管理：播种前，应施足底肥，苗期可结合灌水施，也可趁天下雨撒施尿素、复合肥等肥料，天旱时，还要及时灌水。

③及时刈割：当草长到40厘米左右，还处于植物营养生长旺盛期时，就要刈割、翻压。注意，翻压覆草时不要离橄榄树干太近，以免传染病菌。

**5. 中耕覆土** 采果后中耕1次，深约20厘米。用割草机割下绿肥、套种作物、杂草等覆盖树盘。高温干旱季节，在果园地面或树盘距主干1米以外处，覆草厚约20厘米，冬季应结合深翻压埋入土。每株施石灰1.5~3.0千克，树盘处应堆培河泥土或火烧土50~500千克。应及时清理后沟淤泥，台面整成前应开发外高内低的反倾斜状，梯壁处有崩塌的地方应及时修补。

## （二）肥水管理

肥料是橄榄树生长发育、开花结果的保证。合理施肥既能够保证橄榄树生长发育和丰产稳产，也能提高土壤肥力，改善土壤团粒结构。因此，合理施肥对橄榄的生长发育也是至关重要的。

橄榄是常绿果树，生长量大，结果多，需要从土壤中吸收大量的营养物质和水分。由于树龄不同，结果量不同，需要什么肥和肥量多少均不同。栽培上要根据树龄、树势、生长量、结果量、土壤肥力等决定施肥时期和施肥量。因此，必须根据橄榄的生长结果特性合理施肥以保证橄榄生长和结果所需的营养。在施肥之前，首先要了解橄榄所需的主要营养元素的作用，才能有针对性地进行平衡施用。

**1. 橄榄生长需要的主要营养元素**　果树在其生命过程中，需要碳、氢、氧、氮、磷、钾、钙、镁、硫、硅等 10 种大量元素和氯、铁、硼、锰、钠、锌、铜、镍、钼等 9 种微量元素。果树所需的这 19 种元素，各自发挥着特定的生理生化作用，缺一不可，且不能互相替代，如果缺少了任何一种元素，则会引起生理失调，发生生理性病害。橄榄树需要的主要营养元素及生理功能如下：

（1）氮是蛋白质、核酸和氨基酸的主要成分。可促进营养生长，加速树冠成形，延迟老树衰老，提高光合效能。氮素不足，新梢细弱，叶片变黄，树体生长受到抑制。氮供过多，叶片大而绿，树体徒长，花芽分化不良，落花落果严重。

（2）磷是核酸和酶的重要组成。能促进花芽分化、增强根系吸收能力、增加含糖量，提高品质、增强树体抗性等。缺磷时，酶的活性降低，减弱根系长势，叶片变小、花芽分化不良，果实含糖量低，品质差；磷过多时会影响对氮、钾元素的吸收，造成叶片黄化。

（3）钾对糖的合成和运输以及蛋白质、氨基酸合成有着重要的作用，是树体能正常新陈代谢的必要元素之一。橄榄缺钾时叶色淡而小，并皱缩卷曲；钾过多时，会降低了对镁、钙的吸收。

（4）钙能调节树体内的酸碱平衡，对萌发枝梢起重要的作用。缺钙时，会使碳水化合物转运受阻，根系生长受到抑制，顶梢上的幼叶尖端或中脉处坏死。钙过多时，影响对锰、铁、锌、硼等元素的吸收，使树势衰弱，严重时引起落叶。注意：橄榄果实含钙量多，需要补充较多的钙。

（5）镁是许多酶的活化剂，构成叶绿素的要素，能促进磷的吸收和转移，有助于植物体内糖的运转，促进果实肥大，增进品质。缺镁会使老叶先端黄化，树体生长发育受阻。镁过剩会导致元素间的不平衡，引起缺钙、缺钾症。

（6）铁是叶绿素合成和保持所必需的元素，是许多酶的必要成分。缺铁时叶脉间失绿。严重时，整个叶片全部黄化，可导致幼叶、嫩梢枯死。

（7）硼能促进生殖器官的正常发育，促进碳水化合物和氮的代谢，调节激素合成。缺硼使枝梢生长受阻、形成簇生，叶片小、黄化，直至枯梢。硼过剩会出现叶片前端斑驳、叶缘焦灼等症状。

（8）锌与生长素、核酸、蛋白质合成有关，并影响光合作用与叶绿素形成，锌能够提高植物的抗逆性。橄榄缺锌，植株矮小，叶小、叶片丛生，叶脉间失绿。锌过剩会使叶片失绿并外卷。

（9）锰能提高呼吸速率，对叶绿素合成起着催化作用，还影响多种酶的活性。缺锰时，叶绿素形成受阻，叶片失绿。

（10）铜是叶绿素和氧化酶的成分之一，参与氮素代谢，影响到树体内生长调节剂的含量。缺铜后，使叶绿素形成受阻，枝叶曲折畸形，梢尖和叶尖枯萎，生殖器官发育受阻。铜过剩，叶片失绿，根系发育受阻，树体枯死。

上述元素的生理作用，有的相互促进，有的有拮抗作用，如氮与钾、硼、锌、磷、铜之间，钾与镁之间，磷与铁、铜之间也有拮抗作用。因此，某些缺素症时，有可能不是该元素缺乏而是另外的元素过多而致，因而发生缺素症时要综合分析，才能采取有针对性的措施。

**2. 施肥原则**　坚持以有机肥为主，化肥为辅；薄肥勤施，由薄到浓；以土施为主，土施与叶施结合的原则。同时也要注意，平衡施肥，保证营养。农村沟渠污泥等有机肥要经过无害化处理后才能施用，且要禁止将含有毒有害物质的城乡生活垃圾、工业垃圾和淤泥等作为肥料进行施用。

（1）幼年树施肥　首先，幼树由于营养生长旺盛，年发梢及发根次数多，生长量逐渐增大，施肥要着重培养充实、健壮的新梢，以迅速扩大树冠，增大根系，为早结丰产打下良好的基础。因此，在肥料的选择种类上应以氮肥为主，适当配合施用磷钾肥。其次，幼龄树的根系少，耐肥力差，应勤施薄肥。实生苗定植后，第一年，每2个月施1次农家人畜水肥或株施0.15～0.25千克以氮为主的45%复合肥，施肥量应逐次加量；第二年，每次新梢生长前后，各施1次追肥。冬季施1次基肥，每株全年施肥量约为腐熟粪肥或土杂肥50千克左右、饼肥1～3千克、N：P：K（15：15：15）复合肥0.5～1.5千克。具体的施肥量应根据树龄、树势灵活掌握。施肥种类可选用人粪尿、复合肥、尿素、土杂肥等。

（2）初产树施肥　橄榄幼树以加速形成树冠为目的，重在培育充实健壮的枝梢和发达庞大的根系，为早产、丰产打下基础。原则上应做到薄肥、勤施、浅施，且以氮肥为主，配合磷钾肥。初产树正处在营养生长和生殖生长的交叉时期，施肥应以协调橄榄的营养生长和生殖生长的平衡为目的。若营养生长长势较强，树壮叶茂，则以磷肥为主，配施钾肥，少施氮肥；若营养生长较弱，以磷肥为主，适当增加氮肥的施用，配施钾肥。因橄榄以秋梢为主要的结果母枝，因此，在秋梢前应以氮肥为主，待秋梢老化后，适当增加磷、钾肥，减少氮肥。

（3）投产树施肥　结果树施肥目的是促进花芽分化及果实膨大，提高当年产量和果质，同时要培养健壮的结果母枝，为翌年丰产打下基础。因此，施肥上应以长效有机质肥和磷、钾肥为主，配合氮肥。一般年施3次，于春芽萌动前、壮果期（秋梢萌动前）及采果后各施 1 次肥。春芽、秋梢萌动前以速效化肥为主，分别株施 N：P：K（15：15：15）复合肥 1.5～2.5 千克；采果后，冬季基肥以农家有机肥为主，增施磷钾肥。同时结合深翻培土，株施腐熟粪肥或土杂肥 50 千克左右、饼肥 2.5～5.0 千克。以促进树体恢复，保证秋梢结果母枝的健壮生长发育，为翌年丰产奠定基础。另外，投产树也可在幼果生长期、秋梢生长发育期，各喷施一次 0.3％磷酸二氢钾稀释液以保果、壮梢。

**3. 施肥量** 橄榄的施肥量随肥料种类、橄榄品种、土壤条件、树龄树势和产量的不同而不同，迄今为止，对成年橄榄树尚无一固定模式，应根据其周年对养分吸收利用的状况，进行合理施肥。如果施肥量太大，不但会浪费肥料，严重的还会产生肥害；反之，如果施肥量不足，就难以获得优质高产。下面介绍一种联合国粮农组织推荐的确定施肥量的方法——目标产量法，又称养分平衡法。这种方法比较简单、方便，但各种参数不易确定。

养分平衡法的原理是将设定的目标产量所需养分量与土壤供应养分量之差作为补充养分的依据，再根据肥料中养分含量和肥料当季利用率就可换算成施肥量。确定施肥量后，再将肥料按基肥、种肥、追肥的比例进行施肥。养分平衡法的计算公式是：

某种养分的施肥量（千克/公顷）＝（作物目标产量需肥量－土壤供肥量）/（肥料中该养分含量×肥料当季利用率）

其中：作物目标产量需肥量 = 作物目标产量×某养分在作物体内的平均含量；目标产量，一般在前三年平均产量的基础上，加 10％～15％的增产量。某养分在作物体内的平均含量是指不同作物形成 100 千克经济产量所需养分的吸收量，这个数据可以从《肥料手册》中查到。

土壤供肥量＝ 土壤养分含量（毫克/千克）×2.25×当季土壤养分利用系数；土壤养分含量可以通过化验测得，2.25 为单位换算系数，当季土壤养分利用系数：速效氮为 70％，速效磷 70％，速效钾 35％。

肥料中养分含量为该肥料的技术指标，都标示在包装物上。

肥料当季利用率往往变化很大，一般按氮肥 30％～35％，磷肥 20％～25％，钾肥 25％～35％。

注意：用这种方法确定的施肥量只是化肥施用量。如果有机肥料用量较多，应在施肥量中适当扣除一部分氮素，以免氮素过量。

另外，也可依据叶片分析的指标来调整施肥量。由于果树叶片对营养的余缺反应比较敏感，而且采样容易，对树伤害小。因此，叶片分析是最近几十年发展较快的一种营养快速诊断方法。叶片分析就是根据叶片内各种营养元素的含量，判断树体的营养水平，作为施肥的参考。供分析用的叶片，应尽量选取条件基本相同的枝类和叶片作为试材。一般选用代表性的植株 5～10 株，再生每株上选外围中部新梢 10～20 个，在各新梢中部选一片叶，共100～200 片叶供分析用。如果把叶片分析和其他组织分析或土壤分析结合起来，更能提高准确性和科学性。

**4. 施肥方法** 橄榄根系发达，其吸收的营养主要靠根系从土壤中吸取，但叶片也有一定的吸收营养能力。因此，施肥方法可根据橄榄不同阶段的生长特点和肥料特性进行施肥，以满足树体生长发育的需要。通常施肥方法应以土壤施肥为主，叶面喷施和灌溉施肥为辅。

（1）土壤施肥

①环状施肥适合幼龄树和青壮年树，一般以树干为中心开环状沟（宽约 30 厘米，深 20～30 厘米），将有机肥和无机肥施入沟中与土拌匀，这种方法操作方便，用肥集中，但施肥范围较小。

②辐射状施肥适合老弱树的根系更新和幼树的生长。方法是以树干为中心，在离树干 50～80 厘米处向外挖放射状沟 5～8 条，沟深、宽 10～30 厘米，长 50～60 厘米。施肥沟的位置要年年改变。

③沟状施肥多用于成年树。一般是在树冠外围垂直的地方在树

干相对的两边开沟，沟的深度要根据根系的分部情况来决定，深沟一般20～40厘米，浅沟一般10～30厘米，沟宽30～50厘米。深沟一般施重肥、有机肥，追肥和施化肥可采用浅沟。

④土表施肥一般用于撒施化肥，最好雨后施肥，施后结合松土。这种方式省力省时，但经常使用会使根系变浅，磷肥的效果也不太好，铵态氮肥会造成一定的损失。

（2）根外施肥 根外追肥又称叶面施肥。根外施肥比土壤施肥见效快，用肥量少，常用于补充作物生育期中对某些营养元素的特殊需要或调节作物的生长发育。根外追肥能避免肥料土施后土壤对某些养分（如某些微量元素）所产生的不良影响，及时矫正作物缺素症。在使用上，根外追肥可以与某些病虫害防治相结合，但药、肥混用时不能起反应而会降低肥效或药效。

根外追肥施用效果取决于多种环境因素，特别是气候、风速和溶液持留在叶面的时间。因此，根外追肥应在天气晴朗、无风的下午或傍晚进行。根外施肥不能代替土壤施肥，只能作为土壤施肥的一种补充手段。根外施肥应根据不同生长期对各种元素的需要，分别施用。

①花前喷施主要是补硼，提高坐果率，喷施0.1％硼砂加0.2％尿素液。

②花期喷施0.2％～0.3％磷酸二氢钾、0.1％～0.2％硼砂液，以改善花质。

③幼果期喷施氨基酸型叶面肥，以促进果实膨大，提高质量，还可早熟。

④采果后喷施0.2％～0.3％尿素、0.2％～0.3％磷酸二氢钾等为主，以迅速恢复树势。

（3）灌溉施肥 即将肥料溶解于灌溉水中，借助微灌系统施肥，灌溉施肥可以在较短的时间内一次性完成灌溉和施肥工作，是一种省肥、省水、省工、省钱的水肥管理方式。灌溉施肥的形式主要有：泵加压滴灌、重力滴灌、渗灌、微喷灌及微喷带等。

**5. 施肥注意事项**

（1）施肥浓度不可太高，以免产生肥害。

（2）施用农家肥时要经过腐熟，以杀灭其中的病虫源、草籽，而且最好适当配合尿素、磷酸氢二铵、过磷酸钙等，可以起到长（效）短（效）互补作用。

（3）施肥不要过于集中，以免灼伤根部。

除此之外，测土配方施肥也是现代高效农业发展的有效举措。张宜昌（2012）对闽清县橄榄园土壤检测分析表明：橄榄园土壤 pH 以酸性为主，有机质含量中等的占 64.6%、缺乏的占 18.2%；碱解氮、有效磷、速效钾含量缺乏的分别占 82.3%、77.1%、45.8%；交换性钙、交换性镁、有效硼、有效锌含量缺乏的分别占 93.2%、82.3%、89.6%、42.7%。为此针对闽清县橄榄园土壤肥力状况，提出调节土壤的 pH，增施有机肥，推广配方施肥。合理施用氮、磷、钾、钙、镁肥；酌情施用锌、硼肥等施肥措施。李祝成（2017）针对广东省潮州市橄榄营养需求特性和果园土壤肥力测定，制定了橄榄配方施肥 $N : P_2O_5 : K_2O : CaO = 15 : 3 : 18 : 9$，同时增施微量元素和有机肥，配套合理修剪、病虫害综合防治等关键技术，达到丰产稳产的目的。

总之，橄榄树的施肥不是简单的盲目的施用，而是要根据土壤的肥力状况、树体生长状况、天气条件、物候状况以及园区的经济条件等多因素进行综合施肥。

## （三）果园排灌水

水是橄榄树生长健壮、高产稳产、延长结果年限的重要因素。因此橄榄园区合理灌溉对橄榄生长发育是至关重要的。灌溉的基本要求主要是从灌溉时期、灌溉量及灌溉方法等几方面进行考虑的。

橄榄树比较耐旱，但为了获得丰产，也要及时灌水，尤其是在干旱年份。橄榄新梢抽生期、果实膨大期对水的需求量较大，因此田间土壤要适当保持一定水分。若遇天气干旱，要及时进行引水灌溉，以免影响橄榄树的正常生长。山地橄榄园在旱季来临之前，首先进行全面浅耕，可以减少土壤水分的蒸发，浅耕后要利用山草进行覆盖保墒。其次也可在梯田壁下，挖一横蓄水沟，拦蓄雨水。这样可长期地供应根部水分。

橄榄根系忌怕积水。由于积水容易引起烂根，当果园土壤长期积水，土壤中氧气不足以维持根系正常呼吸作用时，根系的正常生理活动就会受阻，呼吸作用紊乱，有害物质含量积累，从而引起烂根。因此，当果园雨后积水时，要及时排水。平地橄榄园可挖排水沟排水；山地橄榄园可通过建园时修建的拦洪沟、山边沟、纵排水沟、横排水沟等进行排水。

一般来说，每 0.5 公顷建 1 个 25 米$^3$的生产水池用于田间喷药、施肥用水；每 5 公顷建 1 个 100 米$^3$的灌溉池用于贮备用水；每 30 公顷建 1 个 500 米$^3$的蓄水库用于设施喷灌、滴灌、微灌等现代化果园建设用水。原则上蓄水库应建在最高处，连接着灌溉池，再连接着生产水池，从而形成梯级网络式的果园水利设施。

**1. 灌水方法**

（1）地面灌水常用树盘灌水、沟灌、穴灌等。水源充足时可采用树盘灌水，先在树冠外缘的下方做环状土埂，将水引入树盘或树行内，灌水充足后，再封闭土埂，树盘灌水操作简单但用水较多，浪费严重。沟灌，即在树冠外缘向里约 50 厘米处，挖宽 30 厘米、深 20 厘米的环状沟，通过窄沟将水引入环状沟或井字沟内。穴灌，这是一种较省水的地面灌水方法，即在树冠外缘稍向里挖 4 个穴，穴直径为 30 厘米，穴深 60 厘米，挖穴时勿伤粗根。用桶将每个穴灌满水，再用草封盖穴口。

（2）地下灌水在果园地面以下埋设透水管道，将灌溉水输送到根系分布区的一种灌水方法。其优点是不占地，不破坏土壤结构，较省水，养护费用很低，缺点是一次性投资费用大。

（3）喷灌省水、省工，可避免水土流失，且可调节果园小气候，但设备投资较高。

（4）滴灌比喷灌更能省水，且具有喷灌的优点，但滴灌的滴水口很容易被杂物堵塞，而且投资多。滴头数量应根据资金情况和树体大小等因素确定。

**2. 灌水量**　一般以达到土壤田间最大持水量的 60%～80%为宜。生产上一般凭经验确定，也可按以下公式计算灌水量。

灌水量（吨）＝灌水面积（米²）×树冠覆盖率（%）×灌水深度（米）×土壤容重×〔要求土壤含水量（%）－实际土壤含水量（%）〕。

生产实践中的灌水量往往低于计算出的理论灌水量，应注意改良土壤，还要注意节约用水。

**3. 果园排水**　橄榄忌洪涝，当果园土壤长期积水，土壤中氧气不足以维持根系正常呼吸作用时，根系的正常生理活动受阻，呼吸作用紊乱，有害物质含量积累，引起烂根。因此，雨后果园积水时，要及时排水，平地橄榄园可挖排水沟排水，山地橄榄园可通过建园时修建的拦洪沟、山边沟、纵排水沟、横排水沟等排水。

# 八、花果管理

## （一）花果管理的意义

花果管理是现代果树栽培中重要的技术措施，是果树连年丰产稳产、优质高效的保证。花果管理措施是指为了促进花果的生长发育而针对花果和树体实施相应的措施及对所处环境条件进行调节的技术。

在橄榄生产上，橄榄花而不实现象会影响橄榄果实产量。造成橄榄花而不实的主要原因包括花器发育不健全、自交亲和性低，授粉受精不良，树体营养和内源激素供应不足、分配失调等；除此之外，还包括低温霜冻、高温干旱、光照不足、多雨积水、大风以及病虫害等因素。

据调查，橄榄实生栽培花而不实和多花少实低产的现象比较严重，其原因主要是开雄花树和异花同株树雄花比例高。嫁接橄榄栽培花而不实的原因是接穗采至实生树，或丰产还不稳定嫁接第一代嫁接树，因此嫁接栽培接穗必需采至丰产性能已经稳定的嫁接二代以后的嫁接树，才能确保丰产稳产。许长同分别调查橄榄实生种植、嫁接栽培花而不实的田间表现。结果表明：实生栽培为高产、中产、低产各占 30% 左右，不结果占 10%；嫁接无性一代为高产、中产、低产分别占 10%、30%、60% 左右；以丰产的嫁接树为接穗：嫁接的后代高产、中产、低产分别占 70%、20%、10% 左右。因此，以丰产嫁接树为接穗源的嫁接栽培，是解决橄榄花而不实的关键技术措施。

## （二）保花、保果

保花保果的目的是提高坐果率，坐果率是产量构成的重要因素。提高坐果率，尤其是在花量较少的年份提高坐果率，在保证果树丰产稳产上更是具有重要意义。加强果园管理，保证树体的正常生长发育，增加贮藏养分的累积，培养健壮、发育完全的花器，调节适当的雌雄花比例和生长与结果的关系等，是保花保果的基础。为此，可通过以下几方面进行保花保果。

**1. 培养健壮结果母枝**

（1）适时放秋梢　橄榄的秋梢是主要的结果母枝，一般以处暑至白露（8月下旬至9月上旬）放梢最为合适。

（2）适时施肥　秋梢抽生前20～30天施用促梢肥，施肥量视树体大小和生长势而定，一般年产10千克的、树体营养中等的株施2千克左右的复合肥；为使秋梢适时抽发、促进幼果发育，8月中旬前应重施1次壮果肥，以速效肥为主；12月中下旬施有机肥20千克及石灰0.50千克。在结果母枝嫩梢长至10～15厘米、叶片已基本展开时，用30千克水加入15％多效唑可湿性粉剂100～150克、磷酸二氢钾50～100克、硼砂或硼酸50克喷布枝叶，促使结果母枝健壮生长。

（3）及时采收　根据鲜果的用途，采取不同的采收期。用于传统蜜饯加工的用果可以适当提前到9月份采收，用于速冻加工蜜饯的用果要八成熟时采收，用于饮料加工用果要九成熟到完熟时采收，用于鲜食用果要完全成熟时采收。不同品种成熟期有一个月左右的差异，大部分品种成熟期在11月份，需要根据不同品种制定采收时日。橄榄结果有明显的大小年，结果大年早采有利于树体的营养积累，完成橄榄花芽的生理分化，提高翌年结果小年的产量。

（4）采果后及时修剪　剪去病虫害枝、枯枝和荫枝。发现露根树应及时客土护根。

**2. 冬季清园结合适时控冬梢**

（1）**断根** 秋梢老熟后，在树冠滴水线内 20～40 厘米深翻，深度以断去少量根系为宜，主要在于减少根系吸水能力。深翻不能伤及大根，翻后要及时复土。

（2）**环割环扎** 结果大年树、营养生长旺盛的低产树，秋梢老熟后 10 月至翌年 2 月都可采取对主干、主枝、副主枝环割，也可在主枝上用 14 号铁丝环扎，扭紧至铁丝两侧出现树液为止。橄榄不能环剥，因环剥容易造成树体严重伤流，导致树衰或死亡。

环割方法：一是闭合环割两圈，圈距等于被环割的主干或主枝或者副主枝的直径；二是开放式旋转环割一圈半，圈距等于被环割的主干或主枝或者副主枝的直径；三是环割后伤口用双面胶封口，避免伤流造成树体损伤而生长退。

（3）**化学控梢** 11 月下旬至 12 月上旬用 15% 多效唑 200～300 倍液喷梢叶。

（4）**冬季清园** 在冬至后全面清园结合喷施农药等措施消灭越冬的病虫害。

**3. 促发春梢结果枝** 2 月中旬至 3 月上旬萌发的春梢，也是结果母枝之一。适时放春梢以 2 月中旬至 3 月上旬较适宜。及时施下促春梢肥（即花前肥），可在春节后增施有机肥（株施人畜粪尿 50 千克），春梢萌发前 10～15 天再以每 50 千克果施复合肥 0.5 千克或氯化钾 0.25 千克加磷肥 0.25 千克。

**4. 保花保果** 新梢期和花蕾期以及小果期都应加强病虫防治。盛花期（5 月上中旬）严禁喷农药。谢花后至幼果期土壤增施磷钾肥或复合肥，每 50 千克果施复合肥 1 千克或氯化钾 1 千克加磷肥 0.3 千克。结合根外追肥，花前和谢花后各喷 1 次 0.1% 硼砂加 0.2% 磷酸二氢钾。

**5. 保证授粉受精**

（1）**配置授粉树** 橄榄自花授粉坐果率不高，建园时合理配置授粉树，可以提高坐果率。

（2）高接花枝　需要配置授粉树的品种，在建园时未配置授粉树的，可将授粉品种带有花芽的枝条高接到部分植株的树冠上，来弥补授粉树的不足。

（3）挂花罐　在开花初期剪取授粉品种的花枝，插在盛水的罐或瓶中，挂在需要授粉的树上。此法虽简单，但需年年进行。

（4）花期放蜂　按每亩放置1群蜜蜂，可明显提高坐果率。在放蜂期间切勿喷洒农药。

（5）促进花粉萌发　有的品种橄榄花粉萌发率较低，适量的2，4-D、萘乙酸和硼砂均有促进花粉萌发的作用。

**6. 应用生长调节剂和微量元素**　落果的直接原因是果蒂或果柄处产生离层，应用生长调节剂对防止离层的产生有一定效果。一般在生理落果前或采收前喷洒。常用的生长调节剂有 $GA_3$、2，4-D、防落素、芸薹素等。微量元素对于促进果实生长发育也有良好的作用，常用的有硼砂、硼酸、硫酸锌、钼酸铵、硫酸锰以及稀土元素等。初花期用赤霉素以 10.0 毫克/升处理、芸薹素以 2 000 倍液处理能显著提高橄榄坐果率。

**7. 防治病虫害**　及时防治病虫害，这也是保花保果的重要措施。

（1）重视清园修剪等工作，及时剪去病虫枝、枯枝、荫枝和下垂枝等，使树冠通风透光，特别要抓好冬季清园工作，包括增施石灰（株施1千克左右），喷施波美度 0.3°～0.5°石硫合剂等，消灭越冬病虫。

（2）根据各个物候期病虫为害情况，采用高效低毒农药和广谱性杀菌剂农药。重点掌握在各新梢期、花蕾期及幼果期进行防治。

（3）对一些恶性杂草如茅草、竹节草等及时拔除，对藿香蓟等应保留，利用小红瓢虫、大红瓢虫或澳洲瓢虫进行生物防治。

# 九、整形修剪

橄榄干性强，顶端优势明显，树冠高大，传统生产上多采用自然圆头形，为了改善光照条件，可采用主枝开心圆头形，今后应研究推广树冠矮化整形技术。幼年树长势旺盛，生长季应做好摘心控梢工作，防止上强下弱。结果树树冠可适当开天窗，增加树冠内部光照，以利于结果，提高果实质量。橄榄基本修剪方法有短截、疏删、回缩、摘心、抹芽等。这些修剪方法要灵活应用，并注意冬季修剪结合夏季修剪，以调节生长与结果、衰老与更新、群体与个体以及各器官之间的平衡关系，达到早结、丰产、稳产、优质和延长经济寿命的目的。

## （一）主要树形

橄榄树形有主枝开心圆头形、变则主干形和多主枝形等。植株顶端优势明显，实生树主根发达，顶端优势更为明显。幼树一般在离地面100厘米处短截定干。

**1. 主枝开心圆头形** 在主干高度50～100厘米内选配不同方向的3～4个分枝，培养为主枝，主枝长50～80厘米短截，留2～3个分枝培养为副主枝，在副主枝上培养结果枝组，将其余位置不当、密生、纤弱的枝分期疏除，使树冠成为主枝开心圆头形，树高控制在4米以下。

**2. 变则主干型** 在主干高1.5米内配置3～4个分枝，培养为第一层主枝；顶端的主枝培养为变则主干，在变则主干高约2.5米时，再选留主枝2～3个，培养为第二层主枝；在3.5米时可培养第三层主枝。在各主枝上选留向两侧生长、位置适宜的侧枝2～3

个作为副主枝。各层层间距 1.0 米左右，树高控制在 5 米以下。

## （二）主要修剪方法

**1. 短截** 短截是指将一年生新梢剪去一部分的修剪方式。短截长度小于 1/3 的为轻度短截，大于 2/3 的为重度短截，介于两者之间的为中度短截。短截是橄榄常用的修剪方法，短截可以促进营养生长，降低分枝高度，使树冠紧凑，结果部位降低。短截营养枝时，要注意力度，防止短截过重，导致抽梢过度，消耗过多的营养，导致花芽形成受阻。短截也常用于移栽时对根系的处理，以促进水平根的生长。

**2. 疏剪** 疏剪是指把一个梢或枝组甚至骨干枝从其基部剪去的修剪方式。疏剪可以减少枝梢量，调整枝梢的密度和分布，改善通风透光条件，提高树体光合效能，促进枝条的生长，有利于花芽分化和提高坐果率。生产上常利用疏剪促进生长和抑制生长的双重作用，疏弱留强，以促进生长；反之，要抑制过旺生长，则疏强留弱。

**3. 回缩** 回缩是将多年生大枝或枝组从其下部的一个强壮分枝处疏剪去前端的衰退部分，再对剪口处留下的强壮枝梢进行中度短截的修剪方式。回缩能增加下部的光照，改善树体光合作用，改善枝组延伸方向的作用，方便我们上树操作，是控制树冠过度扩张及树体更新复壮的重要手段。

**4. 抹芽** 抹芽是在新梢萌发期，将过多的、无用的新梢抹除的修剪方式。抹芽还能促进枝梢生长，调整新梢伸展方向，改善树体结构，减少养分的消耗，避免树冠内部枝条密挤，改善树体的通风透光条件，抹芽宜早不宜迟。

**5. 拉枝** 拉枝是根据树势和树冠，将枝条拉成适宜角度和方向的修剪方式。对所留橄榄枝条和枝组进行拉枝，调整角度，可以规范树形，缓和长势，达到果树上下前后生长均衡，避免枝条基部光秃，控制其顶端优势，缓和营养生长，既利于树体通风透光，提早形成花芽，又能使骨干枝上的枝组前后分布均匀，达到丰产、稳产的目的。

**6. 摘心**  摘心是摘除正在生长的新梢顶端的修剪方式。摘心能促进新梢老熟，降低分枝高度，增加分枝级数和分枝数量，培养合理的结果枝组。

**7. 环割**  环割技术是环绕植株的枝干环割树皮的做法。适当环割枝干，可暂时阻碍有机物质向下输送，增加伤口上部养分积累，促进花芽分化和提高果实品质，多用于生长过旺的侧枝或徒长枝。橄榄树环割要考虑不同品种的花芽形态分化期确定环割时间，应在该品种花芽形态分化期开始前 2 个月完成环割。基此许长同、肖振林发明了橄榄树环割方法，发明所述环割方法包括以下步骤：

（1）选择 11 月中旬到 12 月下旬的无雨天气，对橄榄树的树干或主枝基部进行环割。

（2）采用环割刀或锯刀片环割深至木质部，环割宽度为 1～2 厘米。

（3）采用旋割（围绕橄榄树的树干或主枝基部螺旋状进行环割，切割伤口的长度为树干或主枝周长的 1.5 倍，则切割伤口形成的相邻环的环距为树干或主枝直径），斜条割（斜条割产生的伤口与树干或主枝直径呈 45°夹角，斜条割的伤口条数为 4，均匀且平行分布于树干或主枝两侧，斜条割伤口的长度为树干或主枝周长的 1/3，相邻斜条割伤口的间距为树干或主枝直径），圆环割（沿树干或主枝基部割闭合的平行两圈，圈距为树干或主枝的直径）的环割方法，对橄榄树的树干或主枝基部进行环割。

（4）环割后，对橄榄树的树干或主枝基的环割伤口进行后处理。后处理操作为在乳胶中加杀菌剂涂抹环割伤口或将牛粪调成泥状涂抹环割伤口。环割后，还要对环割的橄榄树配套管理措施，配套管理措施为采用早采措施，9 月底至 10 月中旬前采收用于加工的橄榄；并在采收前半个月重施一次高含磷的复合肥，促进树体恢复和秋梢花芽分化的完成。环割后的橄榄树配合管理措施后可实现稳产，减少大小年现象。

此橄榄树环割方法，能提供较优的环割方法和技术参数，减少环割伤口流胶，加速环割伤口愈合，不影响橄榄树正常生长，还解决了目前橄榄树栽培中花而不实或花而少实的问题，提高单产，实现橄榄树丰产、稳产栽培。

## （三）修剪

**1. 实生树的修剪** 实生树定植后一般需要 5～7 年才能结果，营养生长旺盛，要注意加以控制，促进生殖生长，提早开花结果。主要做法是：在夏梢尚未老熟时，将主干顶芽和主枝顶芽短截或摘心，促进侧芽生长；8 月上中旬对当年夏梢短截 5～10 厘米，促进生长充实健壮的秋梢成为结果母枝。顶端优势明显、生长过旺的植株，对直立的中心枝应及时回缩截顶，促使侧芽生长，并注意拉开分枝角度，控制树冠和枝组的发展。

**2. 嫁接树的修剪** 嫁接苗种后一般第三年开始结果，对初果树的修剪原则上以轻剪为主，对过长的枝条行短截，促其多发侧枝；盛产后原则上是调节营养枝与结果枝的比例，使其年年丰产；后期修剪主要是剪除树冠内的枯枝、荫蔽枝、交叉枝、病虫枝。修剪多在采果后进行。

**3. 高接树的修剪** 高接树一般应在 1 米左右处嫁接，第一批抽出的新梢应及时摘心，控制徒长，使其分枝，每株 3～4 条分布均匀的枝条作主枝，其余的除去，以后逐渐培育成自然开心形。高接树修剪要注意疏除过多的枝条，对生长过旺的枝条进行短截、摘心，对于去年的结果枝也可适当短截，让其抽生健壮的结果母枝，达到丰产稳产。当进入盛产期后，徒长枝条逐渐减少，主要剪去树冠内的枯枝、荫蔽枝、交叉枝、病虫枝。树冠顶部要适当开天窗，要及时剪去树冠内部的徒长枝，增加光照，有利于结果。

**4. 幼龄树的修剪** 定干及主枝配置：嫁接苗定植时，在主干高 40～50 厘米处短截定干，促其分枝。选留靠近顶端、分布均匀的三个芽培育成主枝，三主枝基本着生在主干的同一高度，这种排列方式有利于各主枝平衡生长。在生产上往往难以一次定干形成良好的三个错落结构的均衡主枝，有时仅两个主枝，这时，应在最上端的主枝上通过短截培育形成两主枝。如主枝分枝角度小，要采取人工拉枝，使其角度达到 45°。

副主枝配置：定干培育的植株一年抽 3 次梢，于秋梢停止生长时留 50～80 厘米摘心或短截，促枝梢成熟。第二年在主枝上留 2～3 个芽培育成副主枝，其余抹除。以后每次新梢留 2～3 个芽，并对超过 50～80 厘米的枝摘心。

**5. 结果树的修剪** 初产树 8 月初剪除过长枝条，促进分枝；将树冠顶部的夏梢回缩至春梢，促发 2～3 条健壮的秋梢，培养为结果母枝，翌年这些结果母枝开花结果后再回缩到基部。盛果期通过修剪将结果枝与营养枝比例调节为 4∶1；对于老树可通过回缩短截的方式重新培育枝条；主要控制树高和促进矮化，以疏剪为主，剪除直立性生长枝、枯枝、密闭交叉枝和病虫害枝条为主；对连续延长生长并多年结果的侧枝，应及时在适宜位置短截回缩，以控制树高和树冠；对横向生长至两树枝条交叉时应回缩；伤口较大的要涂接蜡保护；在春梢抽生之前短截一半数量的结果母枝，减少第二年的产量并提高第三年的产量，从而达到稳产的目的。此外，对于高接换种的橄榄应及时检查接穗的成活情况，若成活则抹去接穗之外的所有萌芽，若未成活则保留两条方向相对的枝条以便后续嫁接，嫁接成活后接穗上第二次萌发的枝条超过 20 厘米时应及时打顶并保留 3 个左右的壮芽。

橄榄顶端优势明显，秋梢顶芽大多抽生来年结果枝，因此，对于结果树，冬季修剪一般少短截摘心，多疏剪。但对于来年的大年树，为了调节生长与结果的平衡，可以适当短截部分枝梢，减少当年挂果量。此外，对于计划密植的果园和盛产期荫蔽果园的非永久株要及时回缩，并及时间伐。

# 十、病虫害防治

有效控制病虫为害是橄榄丰产栽培的关键。随着人们生活水平的提高，橄榄果品的需求量日益增加，橄榄的种植面积也迅速扩大，已经发展为大面积连片种植，并加强了病虫害防治工作。但由于各地橄榄园的自然地理环境、管理水平的差异，目前生产上病虫害防治还存在比较多的问题，其中盲目用药造成药害、害虫再生猖獗的问题特别突出。本着"预防为主，综合防治"的植保方针，结合目前橄榄栽培和病虫防治的实际情况，综合考虑各种病虫控制措施，本研究制定了"以农业防治为主，充分发挥自然控制因子的控制作用，协调采用物理与化学防治"的橄榄园病虫害综合治理方案。

根据在福建、广东等橄榄主产区对橄榄害虫及其天敌的全面调查和研究鉴定，共发现橄榄真菌性病害 14 种，病原线虫 7 属 9 种，储存期果实病害 4 种；橄榄害虫 8 目 37 科 71 种，橄榄螨害 1 目 1 科 1 种，捕食性天敌 6 目 12 科 25 种，寄生性天敌 2 目 13 科 35 种。这些常见病虫及其天敌种类的调查发现，为进一步开展预测预报和持续控制提供了科学依据。

## （一）橄榄真菌性病害及其防治

通过调查和病原鉴定，共发现福建、广东等地橄榄的真菌性病害及其病原真菌 14 种，分别是：叶斑病（*Phyllosticta crataegicola*，*P. oleae*）、叶枯病（*Coniella castaneicola*）、叶枯斑病（*Harknessia* sp.）、叶褐斑病（*Sphaeropsis cruenta*）、叶污斑病（*Cladosporium macrocarpum*）、叶黑斑病（*Alternaria* tenuis)、煤烟病（*Capnodium* sp.）、灰斑病（*Monochaetia karstenii*，*Pestalotiopsis eriobotryfolia*）、炭疽病（*Colletotrichum gloeosporioides*）、镰刀菌果腐病（*Fusarium oxysporum*）、树干溃疡病（*Botryosphaeria ribis*）、枝枯病（*Massaria moricola*）、根腐病（*Helicobasidium albicans*）和橄榄疫病。

**1. 叶斑病**

症状：病斑圆形、近圆形至不规则形，初褐色，后变为灰褐色，边缘褐色至红褐色，上生小黑粒点。有些病斑破裂形成穿孔。

病原：经鉴定叶斑病的病原真菌有 2 种。山楂生叶点霉（*Phyllosticta crataegicola* Sacc.）。分生孢子器球形或扁球形，埋生，有孔口，大小为 95.0 微米×72.0 微米。分生孢子近卵圆形，单胞，无色，基部平截，大小为 2.7 微米×1.5 微米。齐墩果叶点霉（*P. oleae* Patri）。分生孢子器球形或扁球形，埋生，有孔口，大小为 111.6 微米×87.7 微米。分生孢子卵圆形或椭圆形，无色，单胞，大小为 4.7 微米×2.5 微米。

**2. 叶枯病**

症状：从上部叶缘开始发病，病斑灰褐色，边缘有深褐色线条纹，病斑上散生许多小黑粒点。

病原：栗生壳座月孢 [*Coniella castaneicola*（Ell. & Er.）Suttou]。分生孢子器球形或扁球形，单生，淡褐色，埋生或半埋生，后突破表皮，大小为 106.4 微米×79.4 微米；分生孢子器内产孢区稍呈垫状隆起，产孢细胞圆柱形，无色，光滑。分生孢子镰刀状或新月形，淡榄绿色，无隔膜，基部平截，顶部钝圆至尖细，大小为 15.0 微米×3.0 微米。

**3. 叶枯斑病**

症状：病斑圆形或不规则形，中央褐色、淡褐色或灰白色，边缘深褐色或紫红色，病斑上着生许多小黑点。

病原：丝梗壳孢（*Harknessia* sp.）。分生孢器球形或扁球形，顶部稍呈锥形突起，壁薄，褐色，大小为 110.5 微米×81.8 微米。分生孢子梗无色，线状。分生孢子暗色、单胞、厚壁、椭圆形至卵圆形，大小为 9.4 微米×7.3 微米。

**4. 叶褐斑病**

症状：病斑近圆形或不规则形，淡褐色至褐色，边缘深褐色，病斑上散生许多小黑点，严重时叶片枯死。

病原：血红球壳孢 [*Sphaeropsis cruenta* （Ferr.）Chi]。分生孢子器球形，大小为 100.1 微米×96.6 微米，初期埋生于寄主表皮下、后突破表皮，器壁深褐色，顶部中央具圆形孔口，孔口部稍突起。分生孢子梗缺，产孢细胞近葫芦形，无色。分生孢子椭圆形、近圆形，淡褐色，大小为 11.7 微米×5.7 微米。

**5. 叶污斑病**

症状：为害叶片，在叶尖、叶缘、叶面均可形成病斑。病斑不规则，可越过叶脉而扩展；斑中部灰白色至淡褐色，边缘有明显的深褐色线条纹，病健交界明显。病斑背面生榄绿色或黑色霉层。

病原：大枝孢 （*Cladosporium macrocarpum* Preuss）。分生孢子梗黑褐色，丛生，不分枝或顶部分枝；有时基部膨大、顶部呈屈膝状弯曲，细长，长度为 267.2 微米，直径为 5.0~6.5 微米。分生孢子单生或短链状串生，黑褐色，形状和大小变化很大，呈椭圆形、纺锤形、梨形、柠檬形或棍棒形，具 0~3 个隔膜，厚壁、具刺；单细胞孢子大小为 8.0 微米×4.1 微米，双细胞孢子大小为 12.4 微米×4.9 微米，3~4 个细胞孢子大小为 17.9 微米×5.1 微米。

**6. 叶黑斑病**

症状：病斑可形成于叶尖、叶缘、叶面，中央淡褐色，圆形或不规则，边缘有暗褐色或暗紫色轮纹，外围有淡黄色晕圈，叶背着生黑色霉层。发生严重时，造成叶片大面积枯死。

病原：细链格孢 （*Alternaria tenuis* Ness.）。分生孢子梗丛

生、褐色、单枝或分枝，上部弯曲或呈屈膝状，长度为 72.1 微米，直径 5.5 微米。分生孢子呈链状串生或单生，褐色，倒棍棒形、长椭圆形、卵圆形，表面光滑，有 0～5 个横隔和 0～数个纵隔，1～2 个横隔孢子大小 20.0 微米×11.0 微米，3 个横隔孢子大小 35.9 微米×11.8 微米，4 个横隔孢子大小 45.3 微米×11.3 微米，5 个横隔孢子大小 64.4 微米×11.3 微米。孢子喙一般为 1.5～14.0 微米，基部宽为 1.5～2.5 微米，无色或淡褐色。

**7. 煤烟病**

症状：叶片上和果实表面产生容易剥落的黑色霉层，后期上面形成黑色小粒点。病害发生与橄榄星室木虱有关，橄榄星室木虱发生严重的果园，煤烟病也重。

病原：煤炱菌（*Tripospermum* sp.）。无性阶段：菌丝暗色、念珠状，分生孢子星状、无色。

**8. 灰斑病**

症状：为害橄榄果实，造成落果和果实腐烂。果实病斑表面凹陷，圆形或不规则形，暗灰色至深灰色，边缘稍隆起；后期病斑上生小黑点，潮湿时产生黑色黏粒；有时数个病斑可相互愈合形成大型斑块，病组织内部果肉腐烂。

病原：经鉴定灰斑病的病原真菌有 2 个种。卡斯坦盘单毛孢 [*Monochaetia karstenii*（Sacc & Syd.）Sutton]。分生孢子盘分散或聚合，褐色至黑褐色，不规则开裂，直径 143.0 微米。分生孢子纺锤形，具 4 个隔膜，两端细胞无色，中间细胞黄褐色，大小为 22.4 微米×6.0 微米，顶部具一根丝状附属丝、不分枝或有 2～3 根分枝、无色、长度为 14.6 微米，基部有一根短的内生附属丝、无色、长为 3.6 微米。枇杷拟盘多毛孢 [*Pestalotiopsis eriobotryfolia*（Guba）Chen et Chao]。分生孢子盘表生或近表生，分散或聚生，褐色，直径 163.5 微米。分生孢子纺锤形，直，极少弯曲，具 4 个隔膜，基部和顶部细胞无色、中间细胞褐色，大小为

24.5微米×8.0微米。顶部有附属丝2～4根，无色，长度为14.5微米。基部细胞平截，具一内生附属丝；基部附属丝无色，不分枝，长2.9微米。

### 9. 炭疽病

症状：为害橄榄果实，多发生于近成熟或成熟的果实上，造成落果和果实腐烂。初期病斑略凹陷，淡褐色，圆形或近圆形；随病害发展病斑继续凹陷，褐色，边缘稍隆起；后期病斑黑色，其上散生黄色小粒点。数个病斑可相互愈合形成斑块，病组织可扩展到果肉，引起果实腐烂，腐烂果肉呈褐色。

炭疽病和灰斑病在橄榄果实上可同时发生，其症状极相似。这两种病害的区别在于病征不同，在潮湿条件下炭疽斑产生黄色或淡红色黏粒，灰斑产生黑色黏粒。

病原：胶孢炭疽菌（*Colletotrichum gloeosporioides* Penz.）。分生孢子盘盘状或垫状，生于寄主植物表皮下，分散或合生，成熟后不规则开裂，无刚毛，直径122.7微米。分生孢子长椭圆形，无色，单孢，表面光滑，顶端钝圆，大小为14.2微米×5微米。

### 10. 镰刀菌果腐病

症状：为害贮运期橄榄果实。受害橄榄果实腐烂，上生白色霉状物。

病原：尖孢镰刀菌（*Fusarium oxysporum* Schlecht.）。分生孢梗无色，具隔膜，下端常聚集成分生孢子座，有时直接从菌丝生出，不分枝至多次分枝，最上端为产孢细胞，产生大小两型分生孢子。大型分生孢子纺锤形或镰刀形，无色，多胞，有3～5个分隔，两端稍尖，略弯曲，基部有小柄。3个隔膜分生孢子大小23.3微米×3.3微米，4个隔膜分生孢子大小28.5微米×3.8微米，5个隔膜分生孢子大小32.0微米×3.8微米。小型分生孢子卵圆形至椭圆形，无色，单胞或双胞，单生，偶尔串生，大小为11.0微米×3.3微米。

**11. 树干溃疡病**

症状：为害橄榄主枝和侧枝，引起树皮开裂，病斑暗褐色，梭形或不规则形，表面产生大量黑色小点。发病严重导致枝条枯死。

病原：经鉴定发现病原菌的有性态和无性态。有性态：多主葡萄座腔菌［*Botryosphaeria ribis*（Tode）Grossenb. et Dugg.］。子囊座生于寄主表皮之下，黑褐色，球形或洋梨形，大小为 215.7 微米×327.1 微米。子囊长棍棒形，双层壁，有短柄，长 101.8 微米，直径 18.4 微米，有永存性拟侧丝。子囊孢子椭圆形，无色，单胞，大小为 23.2 微米×8.0 微米。无性态：多主小穴壳菌（*Dothiorellaribis* Gross et Duggar.）。分生孢子器生于子座上，子座黑色，埋生于寄主表皮之下或突破表皮，每个子座上有一至数个分生孢子器，分生孢子器球形或扁球形，大小为 170.7 微米×261.0 微米。分生孢子纺锤形、无色、单胞，大小为 23.0 微米×4.5 微米。

**12. 枝枯病**

症状：为害枝条，引起枝条枯死。初期在树皮上形成水渍状褐色长椭圆病斑，随后在表皮下形成小黑点，病斑继续扩大、寄主表皮破裂小黑粒突起、粗糙；数个病斑可相互愈合形成大斑块。

病原：桑黑团壳菌（*Massaria moricola* Miyake）。子囊座散生，埋于寄主表皮之下，顶部有突出的短孔口，球形或椭圆形，大小为 918.0 微米×460.0 微米。子囊圆筒形，具有短柄，无色透明，长 202.0 微米，直径 14.9 微米。子囊孢子长椭圆形，黄褐色，具 3 个隔膜，隔膜处明显缢缩，大小为 29.3 微米×11.3 微米。

**13. 根腐病**

症状：为害根系，引起根腐。受害根皮层腐烂，长有白色菌丝体和菌索。菌索初为白色，后转为淡褐色。随着根系腐烂，地上部枝叶逐渐枯黄，生长缓慢，树势衰退，直至全株枯死。

病原：白卷担菌（*Helicobasidium albicans* Saw.）菌丝无色，

壁厚，有锁状联合，可纠结形成菌索。担子圆筒形，卷曲。担孢子单胞，无色。

**14. 橄榄疫病**

症状：主要为害果实，病果初期局部变褐，后期病斑扩大，多个病斑融合，最终果实大部分褐腐。湿度高时，病部各处均会产生白霉状的病原菌。温度、湿度较高条件下有利于该病的发生。

病原：棕榈疫霉［*Phytophora palmivora*（Butl.）Butler］。棕榈疫霉无性阶段形态与典型的 *P. palmivora* 相同，但它的藏卵器有时具有乳头状或指状突起。

在上述这些真菌性病害中，以果灰斑病和果炭疽病危害较重，可造成大量落果和果实腐烂；煤烟病对果实的品质也会造成较大影响；其余叶部病害多为零星发生，危害较轻。因此，目前对于橄榄真菌性病害的防治主要针对果灰斑病和果炭疽病，这 2 种病害可在幼果期喷药保护，隔 10～15 天一次，共施药 2～3 次。

推荐药剂：30％多菌灵、咪鲜胺水分散性粒剂 1 000 倍喷，45％咪鲜胺水乳剂 1 500 倍液，50％咪鲜胺锰盐可湿性粉剂 1 500 倍液，50％春雷·多菌灵可湿性粉剂 800 倍液，10％多抗霉素可湿性粉剂 1 000 倍液喷雾，80％代森锰锌可湿性粉剂 600 倍液等。注意轮换施用药剂，避免参数抗药性。煤烟病控制要结合防治橄榄星室木虱。

## （二）细菌性病害

细菌性枯梢病：病原待定。

（1）*为害症状* 主要为害嫩梢上的新发嫩梢和嫩叶，在新梢和新叶基部形成一黑圈，被害梢全梢新叶枯萎，脱落，形成无叶梢。枝梢受害后呈干枯状急性凋萎，病情发展非常迅速，几天内出现大量落叶，尤其是树冠顶部的枝梢落叶更为严重，导致橄榄新梢的抽发受阻，严重影响树势。

（2）防治措施　冬季清园，剪除病虫枝叶集中毁烧，全园喷一次 45％石硫合剂液体 200 倍液。发病期，用 4％春雷霉素可湿性粉剂（1 000 倍液）＋0.3％尿素。

## （三）橄榄线虫病害及其防治

通过调查研究，已鉴定出病原线虫 7 属 9 种。它们分别是：嗜菌茎线虫（*Ditylenchus myceliophagus*）、光端矮化线虫（*Tylenchorhynchus leviterminalis*）、咖啡根腐线虫（*Pratylenchus coffea*）、塞氏纽带线虫（*Hoplolaimus seinhorsti*）、双宫螺旋线虫（*Helicotylenchus dihystera*）、杧果拟鞘线虫（*Hemicriconemoides mangiferae*）、弯曲针线虫（*Paratylenchus curvitatus*）、突出针线虫（*Paratylenchus projectus*）、巴基斯坦毛刺线虫（*Trichodorus pakistanensis*）。

**1. 嗜菌茎线虫**

测量值：♀♀，体长＝0.63 毫米；口针长＝7.9 微米；头顶至排泄孔＝85.0 微米 。♂♂：体长＝0.60 毫米；体宽＝38～44 微米。

形态特征：雌虫虫体较纤细，缓慢加热杀死后近直伸。体环细但明显，侧带有 6 条侧线，侧线浅，有网格。唇区低平、帽状、无缢缩，扫描电镜观察有 2 个浅的头环，头架骨质化弱。口针中等，有小的基部球。中食道球纺锤形有瓣，后食道宽匙形、后部覆盖肠背面。雌虫阴门位于虫体后部，单生殖管、前伸，后阴子宫囊延伸至阴肛距的一半左右，阴肛距为 70～75 微米。尾部呈圆锥形，末端钝圆。

雄虫形态与雌虫相似，交合伞翼状，不包至尾尖，交合刺弱。

**2. 光端矮化线虫**

测量值：♀♀，体长＝0.70 毫米；口针长＝21.8 微米；头顶至排泄孔＝108.3 微米 。♂♂，体长＝0.70 毫米；口针长＝21.1 微米；交合刺长＝25.0 微米；引带长＝12.2 微米；头顶至排泄孔

＝83.5 微米。

形态特征：雌虫虫体细长，加热杀死后虫体稍朝腹面弯曲。唇区半圆形、连续光滑、无环纹，头架稍骨化，侧器口孔状。口针纤细，口针基部球明显。食道发育良好，中食道球明显，后食道呈长梨形与肠平接。背食道腺开口距口针基部球 3～4 微米，排泄孔位于峡部后。角质膜环纹明显，侧带宽度约为体宽 1/3，有 4 条明显的侧线，无网纹。尾部呈棍棒状，末端钝圆光滑。

雄虫前部同雌虫，单精巢、直伸，交合刺弓状，交合伞包至尾端、肥厚、具刻纹，引带发达。

### 3. 咖啡根腐线虫

测量值：♀♀，体长＝0.59 毫米；口针长＝18.3 微米；头顶至排泄孔＝90.3 微米。♂♂，体长＝0.59 毫米；口针长＝16.5 微米；交合刺＝17.4 微米；引带长＝6.0 微米；头顶至排泄孔＝80.3 微米。

形态特征：雌虫虫体细，缓慢加热杀死后稍朝腹面弯曲。唇区稍缢缩、具 2 个环，口针粗，具有发达的口针基部球；口针基部球圆至椭圆。食道体部呈纺锤形，中食道圆球形，中等大小。食道腺呈叶状覆盖于肠的腹面。角质膜环纹细，侧带有 4 条沟纹。排泄孔明显，半月体紧靠于排泄孔前。阴门横裂，受精囊圆到宽圆形，充满精子，单卵巢，前伸，卵巢前端的卵原细胞为双行排列，其余大部分为单行排列，后阴子宫囊为阴门部体宽 1～1.5 倍。尾端圆锥、平截或有缺刻，环纹包至尾端。

雄虫形态与雌虫相似。单精巢、直伸。交合刺细、弯曲，引带稍弓形，交合伞包至尾尖、外缘有细微刻纹。

### 4. 塞氏纽带线虫

测量值：♀♀，体长＝1.39 毫米；口针长＝42.2 微米；头顶至排泄孔＝140.3 微米。

形态特征：雌虫虫体圆柱状，加热杀死后虫体向腹面弯曲呈弓状。唇区半球形、缢缩、具 4 个唇环，唇盘圆、周围有 6 个唇片，唇盘后由数条纵纹将 4 个唇环分割为网格状；侧带退化，扫描电镜观察可以看到有 2～3 条断续的纵线在侧区形成网格纹。侧尾腺口大，前侧尾腺口位于虫体前 30% 左右处，后侧尾腺口位于虫体前 80% 左右处。头架发达，骨质化明显。口针粗，有大的口针基部球、基部球前缘突起。食道发育良好，有明显的中食道球，食道腺发达，呈叶状覆盖于肠的背面和侧面，覆盖长度达 1～2 个体宽。阴门横裂，位于虫体近中部或稍后，阴门盖梯形、约为阴门宽度的 1/3，阴唇厚、具纵纹。双生殖管、对生、平伸。肠不覆盖直肠；肛门位于距尾端腹面 10 个环纹处，肛门宽占 1.5 个体环，尾部短、长度不到肛部体宽，末端钝圆，环纹包至尾端。

雄虫未见。

**5. 双宫螺旋线虫**

测量值：♀♀，体长＝0.62 毫米；口针长＝25.8 微米；头顶至排泄孔＝112.0 微米。

形态特征：雌虫缓慢加热杀死后虫体呈螺旋形，虫体后部螺旋状更明显。唇区半球形、外缘较突出，具 4～5 个唇环。体环明显，侧带占虫体宽 1/4～1/3、有 4 条侧线，无网格纹。口针发达，口针基部球宽圆形、前缘向前突出。背食道腺开口距口针基部球约为口针长度的 1/2；中食道球椭圆形，有明显瓣膜；食道腺覆盖肠腹面。阴门位于虫体中部稍后，双卵巢对生、平伸、发育完全，卵母细胞区明显，受精囊偏生、缢缩。尾部背面弯曲，锥形，环纹包至末端，尾端具一短的腹尾突；尾腹面通常有 8～12 个环，侧尾腺口位于肛门前 6～12 个体环处的侧带中央。

雄虫未见。

**6. 杧果拟鞘线虫**

测量值：♀♀，体长＝0.49 毫米，口针长＝65 微米，体环数＝130。♂♂，体长＝0.37毫米，交合刺长＝24 微米，引带长＝3～4 微米。

形态特征：雌虫虫体圆柱形，前端渐细，加热杀死后稍呈弓状。体环较粗，边缘平滑，具细纵纹；无侧带。有些虫体在头端、排泄孔、阴门、肛门和尾端具有角质膜鞘。唇部骨质化明显，前端低平，具2个唇环。唇盘圆、稍突出。口针发达，口针基部球前缘突起呈锚状。单卵巢前伸，阴道前倾。尾部锥状、末端钝圆。

雄虫细长，环纹细，无鞘。无口针，食道退化。单精巢前伸，交合伞细窄、包至近尾端。

### 7. 弯曲针线虫

测量值：♀♀，体长＝0.42毫米，口针长＝20.2微米，头顶至排泄孔＝84.0微米。♂♂，体长＝0.45毫米，口针长＝13.5微米，交合刺长＝21.2微米，引带长＝4.0微米，头顶至排泄孔＝83.2微米。

形态特征：雌虫虫体缓慢加热杀死后弯曲、呈C形。唇区圆锥形，稍缢缩，有4个唇环。口针细至中等，食道环线型。侧带有4条明显侧线，有网纹。阴门突起，位于体后，单生殖管前伸。尾短、圆锥形，末端钝。

雄虫加热杀死后弯曲，呈C形，食道和口针退化，交合刺窄。在采集的样本中雄虫数量较多。

### 8. 突出针线虫

测量值：♀♀，体长＝0.34毫米，口针长＝28.7微米，头顶至排泄孔＝77.4微米。

形态特征：雌虫热杀死后虫体朝腹面弯曲，角质膜具细环纹，侧带有4条侧线。唇区稍缢缩，锥形到平截，具4个不明显的唇环。口针基部球近圆形，中食道球与食道前体部愈合，巨大的椭圆的瓣膜。峡部细长，围有神经环。后食道球发达，卵形。阴道前倾，阴门横裂、具侧阴膜，阴门之后的虫体腹面收缩。单生殖管、前伸，子宫大。贮精囊明显，无精子，尾部朝腹面弯曲，末尾光滑。

雄虫未见。

### 9. 巴基斯坦毛刺线虫

测量值：♀♀，体长＝0.96 毫米，瘤针长＝49.7 微米，头顶至排泄孔＝117.6 微米，前生殖管长＝180.8 微米，后生殖管长＝180.8 微米。♂♂，体长＝0.96 毫米，口针长＝50.7 微米，交合刺长＝55.6 微米，引带长＝15.8 微米，头顶至排泄孔＝83.5 微米。

形态特征：雌虫虫体粗短、雪茄形，缓慢加热杀死后稍向腹面弯曲。角质膜薄、疏松，无明显环纹和侧带。头部突出，稍缢缩。食道前部细杆状、不折叠，后部逐渐膨大为长锥瓶状，稍重叠于肠腹面的前端。阴门位于虫体中部、有骨质化点状结构物，阴道稍后斜、延伸至体内约达体宽的 2/3 左右，阴道肌发达。双卵巢、对生，受精囊椭圆形，肛门近端生，尾末端宽圆。

雄虫虫体后部朝腹面弯曲，唇区突出、稍缢缩，食道与肠平接，口针后的腹面具 3 个颈乳突（$CP_1$、$CP_2$、$CP_3$），排泄孔位于 $CP_2$ 与 $CP_3$ 之间，颈乳突之间的距离有一定变化。泄殖腔近端生，泄殖腔前的腹面有 2～4 个辅助乳突（SP），其中以 3 个乳突居多（$SP_1$、$SP_2$、$SP_3$）。交合刺成对、发达、朝腹面弯曲、有明显的细横纹，无交合伞。尾部短、末端宽圆。

这九种线虫中的光端矮化线虫、巴基斯坦毛刺线虫、针线虫在橄榄根际种群密度较大，这 3 种线虫均为外寄生线虫，破坏根系的维管束组织、皮层组织，导致根系腐烂和粗短根。因此，对线虫种群密度较高的果树，应该适当施用杀线虫剂进行防治。

推荐药剂：10％益舒宝颗粒剂、3％米乐尔颗粒剂。在春梢发生期于树冠下滴水线的位置开环沟撒施。

## （四）橄榄储存期果实病害及其防治

### 1. 橄榄青霉病

（1）症状　主要为害果实，受害果表面初期出现霉斑，为病菌的白色菌丝；后期霉斑上产生青绿色的粉状物，为病菌的分生孢子，之后果实腐烂并且腐烂的果实有霉味。

（2）致病菌　青霉菌（*Penicillium* sp.）

**2. 橄榄褐霉病**

（1）症状：褐霉病为害贮藏期的果实，初期在果实表面上出现淡褐色病斑，扩大后病部微凹陷，长出灰白色菌丝，以后逐渐变成灰褐色霉层，病部腐烂。

（2）致病菌：交链孢子属霉菌（*Alternaria* sp.）。

（3）防治措施：参照青霉病的防治方法。

**3. 橄榄焦腐病**

（1）症状：主要为害采后橄榄果实。受害果从蒂部开始逐渐变褐色，发病初期症状为褪绿小斑点，之后颜色逐渐变暗，果实皱缩，且病斑逐渐扩展为圆形、水渍状，后期病斑表面产生黑色小斑点。

（2）病原：可可球二孢菌（*Botryodiplodia theobromae* Pat.）。

（3）主要防治措施：

①清园管理：橄榄修剪后应及时把枯枝烂叶清除烧毁。

②保护果实：采收时要轻拿轻放，避免产生伤口和污染。

**4. 橄榄镰刀菌果腐病**

（1）症状：主要为害贮运及贮藏期的橄榄果实，受害果表面生有白色霉状物，后期果实腐烂。

（2）病原：尖孢镰刀菌（*Fusarium oxysporum* Schlecht.）。

**5. 橄榄储存期果实的病害综合治理**

（1）采前防护：推荐采前用50％多菌灵可湿性粉剂1 000～1 500倍液、50％甲基硫菌灵可湿性粉剂800～1 000倍液、60％多菌灵盐酸盐可溶性粉剂700倍液、50％多菌灵磺酸盐可湿性粉剂800倍液等喷雾。

（2）采收保护：采收要轻拿轻放，避免产生伤口和污染。

（3）药剂保果：45％咪鲜胺乳油 500～1 000 倍液浸果 2～3 分钟。

（4）储存条件：果实贮于 9～10℃的环境，可有效抑制病菌的发生。

## （五）橄榄害虫种类及其危害

### 1. 等翅目（Isoptera）

（1）犀白蚁科（Rhinotermitidae）。

家白蚁（*Coptotermes curvignathus* Holmgren）。

（2）白蚁科（Termitidae）。

①黑翅土白蚁［*Odontotermes formosanus*（Shiraki）］。

②黄翅土白蚁（*Macrotermes barneyi* Light）。

③木白蚁科（Kalotermitidae）。

④铲头堆沙白蚁（*Cryptoternes declivis* Tsai et Chen）。

白蚁类为害：在树干木质部蛀食，使树干中空，生长衰弱或死亡。

天敌：蜈蚣、多种蜘蛛类、螳螂、隐翅虫、步甲和多刺蚁等。

### 2. 缨翅目（Thysanoptera）

（1）蓟马科（Thripidae）。

赤带网纹蓟马［*Selenothrips rubrocinctus*（Giard）］。

（2）管蓟马科（Phlaeothripidae）。

中华管蓟马（*Haplothrips chiensis* Priesner）。

蓟马类为害：成虫、若虫群集于嫩叶上吸汁为害，还可为害花穗。

### 3. 半翅目（Hemiptera）

（1）蜡蝉科（Fulgoridae）。

①龙眼鸡［*Fulgora candelaria*（Linnaeus）］。

为害：成虫、若虫在嫩梢上刺吸汁液，并产卵为害。

②广翅蜡蝉（*Picania speculum* Walker）。

为害：成虫、若虫群集嫩梢上刺吸汁液，诱发煤烟病。

③碧蛾蜡蝉（*Geisha distinctissima* Walker）。

为害：成虫、若虫群集嫩梢上刺吸汁液，诱发煤烟病。

④青蛾蜡蝉（*Salurnis marginellus* Guer）。

为害：成虫、若虫群集嫩梢上刺吸汁液，诱发煤烟病。

（2）角蝉科（Membracidae）。

黑角蝉（*Gargara* sp.）。

为害：成虫、若虫在小枝条上刺吸为害。

（3）叶蝉科（Cicadellidae）。

橄榄黄绿叶蝉（*Amrasca* sp.）。

为害：成虫、若虫在叶片和新梢上刺吸为害。

（4）木虱科（Psyllidae）。

橄榄星室木虱（*Pseudophacopteron canarium* Yang & Li）。

为害：成虫、若虫群集在新梢、嫩叶上刺吸为害，造成嫩梢枯死，叶片畸形，分泌蜜露诱发叶片和果实煤烟病。

（5）粉虱科（Aleyrodidae）。

①黑刺粉虱（*Aleurocanthus spiniferus* Quaintance）。

为害：成虫、若虫群集在叶背刺吸为害，诱发烟煤病。

②小菱粉虱（*Aleurotaberculatus marrayae* Singh）。

为害：成虫、若虫群集在叶背刺吸为害，诱发烟煤病。

③橄榄粉虱（*Pealius polgoni* Takahashi）。

为害：成虫、若虫群集在叶背刺吸为害，诱发烟煤病。

（6）粉蚧科（Pseudococcidae）。

①堆蜡粉蚧（*Nipaaoccus vastator* Maskell）。

为害：成虫、若虫刺吸为害枝梗。

②橘小粉蚧（*Pseudoccus citriculus* Green）。

为害：成虫、若虫刺吸为害叶片、新梢、枝梗。

（7）蜡蚧科（Coccidae）。

①柑橘绵蚧（*Chloropulvinaria aurantii* Cockerell）。

为害：成虫、若虫刺吸为害枝梢。

②多角绵蚧［*Chloropulrinaria polygonata*（Green）］。

为害：成虫、若虫集中在枝条上刺吸为害，使枝条干枯。

③红蜡蚧（*Ceroplastes rubens* Maskell）。

为害：成虫、若虫刺吸为害嫩梢、枝梗，诱发煤烟病。

④龟蜡蚧（*Ceroplastes floridensis* Comstock）。

为害：成虫、若虫刺吸为害嫩梢、枝梗，诱发煤烟病。

⑤褐软蚧（*Coccus hesperidum* Linnaeus）。

为害：成虫、若虫刺吸为害嫩梢、枝梗，诱发煤烟病。

（8）盾蚧科（Diaspididae）。

①红圆蚧（*Aonidiella aurantii* Mask）。

为害：成虫、若虫刺吸为害枝梗、果实，诱发煤烟病。

②褐圆蚧（*Chrysomphalus aonidum* Linnaeus）。

为害：成虫、若虫刺吸为害嫩梢、枝梗，诱发煤烟病。

③桑白盾蚧［*Pseudaulacaspis pentagona*（Targioni-Tozzetti）］。

为害：成虫、若虫刺吸为害叶片，枝条。

④长牡蛎蚧［*Insulaspis gloverii*（Packard）］。

为害：成虫、若虫刺吸为害枝梢。

（9）绵蚧科（Monophlebidae）。

①吹绵蚧（*Icerga parchasi* Mask）。

为害：成虫、若虫刺吸为害枝梢。

②银毛吹绵蚧（*Icerga seychellarum* Westwood）。

为害：成虫、若虫刺吸为害枝梢。

天敌：草蛉和多种瓢虫、多种蚜小蜂。

（10）蝽科（Pentatomidae）。

①荔枝蝽［*Tessaratoma papillosa*（Druy）］。

②斑须蝽［*Dolycoris baccarum*（linn.）］。

（11）盾蝽科（Scutelleridae）。

①丽盾蝽［*Chrysocoris grandis*（Thunberg）］。

②异色花龟蝽［*Poecilocoris lewisi*（Distant）］。

（12）盲蝽科（Miridae）。

①绿盲蝽（*Lygus lucorum* Meyer-Dur.）。

②三点盲蝽（*Adelphocoris faciaticollis* Reuter）。

蝽类为害：成虫、若虫在叶片、花穗和幼果上刺吸为害。

## 4. 鞘翅目（Coleoptera）

（1）吉丁虫科（Buprestidae）。

吉丁虫（*Catoxapntha* sp.）。

为害：在树干皮层与韧皮部之间蛀食为害。

（2）丽金龟科（Rutelidae）。

①红脚绿丽金龟（*Anomala cupripes* Hope）。

②铜绿丽金龟（*Anomala corpulenta* Motsch.）。

（3）花金龟科（Cetoniidae）。

①白星花金龟（*Potosia brevitarsis* Lewis）。

②小青花金龟［*Oxycetonia jucunda*（Faldermann）］。

金龟子类为害：成虫取食嫩叶、花穗。

（4）天牛科（Cerambycidae）。

①脊胸天牛（*Phytidodera bowringi* White）。

为害：幼虫钻蛀枝干，形成弯曲的虫道，使树势衰弱甚至死亡。

②褐锤腿瘦天牛（*Melegena fulva* Pu）。

为害：幼虫蛀食根颈或根部，使树势衰退。

（5）象甲总科（Curculionoidea）象甲科（Curculionidae）。

①灰象甲（*Sympiezomia citri* Chao）。

为害：成虫咬食叶片成孔洞。

②剪枝象甲（*Cryllorhynobites ursulus* Roelofs）。

为害：成虫咬食嫩梢，造成枝梢顶端枯萎。

（6）卷象科（Attelabidae）。

漆蓝卷象（*Involvulus haradai* Kono）。

为害：以成虫咬食橄榄嫩梢、果实。

（7）叶甲科总科（Chrysomeloidea）。

①跳甲亚科（Alticinae） 小直缘跳甲（*Ophride parua* Chen et Zia）。

为害：成虫、幼虫取食橄榄的嫩梢叶片。受害后的枝梢呈现枯萎状，丧失开花结果能力。橄榄受其反复危害后，造成大量枯枝，严重的可导致整株死亡。

②叶甲亚科（Chrysomelinae） 恶性橘啮跳甲（*Clitea metallica* Chen）。

**5. 鳞翅目（Lepidoptera）**

（1）蓑蛾科（Psychidae）。

①油桐蓑蛾（*Chelia larminaati* Heylaert）。

为害：幼虫咬食叶片。

②大蓑蛾［*Eumeta pryeri*（Leech）］。

为害：幼虫咬食叶片。

（2）细蛾科（Gracillariidae）。

橄榄皮细蛾（*Spulerina* sp.）。

为害：幼虫潜食和蛀食幼果、嫩茎和叶片。

天敌：姬小蜂寄生幼虫。

（3）木蛾科（Xyloryctidae）。

木蛾（学名待定）

为害：幼虫把二叶缀合成虫苞，取食叶肉。

（4）潜蛾科（Lyonetiidae）。

橄榄潜蛾（学名待定）

为害：幼虫潜入果实皮层内蛀食为害。

（5）拟木蠹蛾科（Metarbelidae）。

荔枝拟木蠹蛾 [*Squamura dea*（Swinhoe）]。

为害：幼虫蛀食为害枝干。

（6）刺蛾科（Limacodidae）。

①扁刺蛾（*Thosea stnensis* Walker）。

为害：幼虫咬食叶片。

②褐刺蛾（*Setorn postornata* Hampson）。

为害：幼虫咬食叶片。

③绿刺蛾（*Parasa conaocia* Walker）。

为害：幼虫咬食叶片。

（7）卷蛾科（Tortricidae）

小黄卷叶蛾（*Adoxophyes orana* Fischer von Rosterstamm）。

为害：幼虫卷叶、取食叶片，同时也会咬食幼果果皮。

（8）尺蛾科（Geometridae）

女贞尺蠖（*Naxa seriaria*（Motschulsky）]。

为害：幼虫咬食叶成缺刻。

（9）枯叶蛾科（Lasiocampidae）。

橄榄枯叶蛾（*Metanastria terminalia* Tsai et Hou）。

为害：幼虫咬食叶片，严重时可吃光叶片。

（10）毒蛾科（Lymantriidae）。

①黑颈黄毛虫（学名待定）

为害：幼虫咬食叶成缺刻，常叶丝缀合几张叶片，在其中结茧化蛹。

②珊毒蛾（*Lymantia viola* Swinhoe）。

为害：初孵幼虫咬食叶片和新梢枝梗。

③双线盗毒蛾（*Porthesia scintillans* Walker）。

为害：幼龄幼虫咬食叶片下表皮和叶肉，老龄幼虫咬食叶成缺刻或孔洞。

④缘点黄毒蛾［*Euproctis fraternal*（Moore）］。

为害：幼虫咬食叶片成缺刻。

（11）天蛾科（Sphingidae）。

霜天蛾［*Psilogramma menephron*（Cramer）］。

（12）螟蛾科（Pyralidae）。

①橄榄野螟（*Algedonia* sp.）。

为害：以幼虫取食叶片。

②橄榄锄须丛螟（*Macalla* sp.）。

为害：以幼虫取食为害橄榄嫩梢叶片，幼虫吐丝与叶片黏结在一起蜷缩成枯萎状，影响树木的正常生长，造成树体生长势减弱，产量下降。

## 6. 直翅目（Orthoptera）

（1）斑腿蝗科（Catantopidae）。

短星翅蝗（*Calliptamus abbreviatus* Ikonn）。

为害：咬食叶片成缺刻。

（2）斑翅蝗科（Oedipodidae）。

红翅皱膝蝗［*Angaracris rhodopa*（F. W.）］。

为害：咬食叶片成缺刻。

（3）蝗（剑角蝗）科（Acrididae）

中华蚱蜢（*Acrida cinerea* Thunberg）。

为害：咬食叶片成缺刻。

（4）螽斯科（Tettigoniidae）。

中华露螽（*Phaneroptera sinensis* Uvarov）。

为害：咬食叶片成缺刻，产卵为害。

## 7. 蜱螨目（Acarina）

巨须螨科（Cunaxidae）。

非洲红瘤螨（*Rubrascirus africanus* Den Heyer）。

为害：成螨、若螨在叶片上刺吸。

## （六）天敌种类及其控制对象

### 1. 捕食性天敌

（1）螳螂目（Mantodea）。

螳螂科（Mantidae）。

中华螳螂 [*Tenodera aridifolia sinensis* (Saussure) ]。

广腹螳螂 [*Hierodula patellifera* (Serville) ]。

螳螂捕食鳞翅目幼虫等。

（2）半翅目（Hemiptera）。

盲蝽科（Miridae）。

黑肩绿盲蝽（*Cyrtorrhinw lividipennts* Reuter）。

捕食橄榄星室木虱等。

中华微刺盲蝽（*Campylomma chinensis* Schuh）。

捕食橄榄星室木虱等。

（3）脉翅目（Neuroptera）。

草蛉科（Chrysopidae）。

亚非草蛉（*Chrysopa boninensis* Okamoto）。

大草蛉（*Chrysopa septempunctata* Wesmael）。

草蛉捕食橄榄星室木虱、蚜虫和黑刺粉虱等。

（4）鞘翅目（Coleoptera）。

①步甲科（Carrabidae）。

中华广肩步甲（*Calosoma maderae chinensis* Kirby）。

捕食鳞翅目幼虫等。

②瓢虫科（Coccinellidae）。

红基盘瓢虫 [*Lemnia circamusta* (Mulsant) ]。

红星盘瓢虫［*Phrgnocaria congener*（Billberg）］。

异色瓢虫［*Harmonia axyridis*（Pallas）］。

六月斑瓢虫［*Menochilus sexmaculata*（Fabricius）］。

双带盘瓢虫［*Lemnia biplagiata*（Swartz）］。

龟纹瓢虫［*Propylaca japonica*（Thunberg）］。

十斑大瓢虫［*Megalocaria dilatata*（Fabricius）］。

八斑和瓢虫［*Haronia octomaculats*（Fabricius）］。

黄斑盘瓢虫（*Lemnia saucia* Mulsant）。

宽缘唇瓢虫（*Chilocorus rufitarsus* Motschulsky）。

素鞘瓢虫［*Illeis cincta*（Fabricius）］。

大突肩瓢虫［*Synonycha grandis*（Thanberg）］。

刀角瓢虫［*Serangium japonicam* Chpain］。

红点唇瓢虫（*Chilocorus kuwanae* Silvestri）。

圆斑弯叶毛瓢虫［*Nephus ryaguus*（Kamiya）］。

小红瓢虫（*Rodolia pumila* Weise）。

粉虱小黑瓢虫（*Serangium* sp.）。

瓢虫在橄榄园捕食橄榄星室木虱、蚧类、粉虱和蚜虫等小型昆虫。

（5）膜翅目（Hymenoptera）。

蚁科（Formicidae）。

鼎突黑刺蚁（*Polyrhachis* sp.）。

捕食大蓑蛾幼虫等。

（6）蜘蛛目（Araneida）。

①园蛛科（Araneidae）。

摩鹿加云斑蛛［*Cyrtophora moluccensis*（Doleschall）］。

黄金肥蛛（*Larinia aragiopiformis* Boesenbery et Strand）。

②肖蛸科（Tetragnathidae）。

鳞纹肖蛸（*Tetragnatha sguamata* Karsch）。

③皿蛛科（Linyphiidae）。

草间小黑蛛 ［*Erigonidium graminicolum* （Sundevall）］。

④漏斗蛛科 Agelenidae）。

迷宫漏斗蛛 ［*Agelena labyrinthica* （Clerck）］。

⑤猫蛛科（Oxyopidae）。

细纹猫蛛 ［*Oxyopes macilentus* （L. Koch）］。

斜纹猫蛛 （*Oxyopes sertatus* L. Koch）。

⑥蟹蛛科（Philodromidae）。

三突花蛛 ［*Miscumenops tricuspidatus* （Fabricius）］。

白腹逍遥蛛 （*Philodromus aunicomus* L. Koch）。

⑦跳蛛科（Salticidae）。

红突爪蛛 ［*Epocilla calcarata* （Karsch）］。

**2. 寄生性天敌**

（1）膜翅目（Hymenoptera）。

①姬蜂科（Ichneumonidae）。

舞毒蛾黑瘤姬蜂 ［*Coccygominus disparis* （Viereck）］。

寄主：大蓑蛾幼虫，跨期寄生（幼虫—蛹）。

黑点瘤姬蜂 （*Xanthopimpla* sp.）。

寄主：大蓑蛾幼虫，跨期寄生（幼虫—蛹）。

蓑蛾瘤姬蜂 （*Sericopimpla* sp.）。

寄主：大蓑蛾幼虫，跨期寄生（幼虫—蛹）。

②茧蜂科（Braconidae）。

乳色茧蜂 （*Apanteles lacteicolor* Viereck）

寄主：橄榄枯叶蛾幼虫，田间自然寄生率较高。

绒茧蜂 （*Apanteles* sp.）。

寄主：橄榄珊毒蛾幼虫。

③小蜂科（Chalcididae）。

广大腿小蜂 ［*Brachymeria lasus* （Walker）］。

寄主：大蓑蛾蛹。

④扁股小蜂科（Elasmidae）。

扁股小蜂（*Elasmus* spp.）（2种）。

寄主：大蓑蛾幼虫，外寄生。

⑤姬小蜂科（Eulophidae）。

细蛾姬小蜂（*Dimmokia* sp.）。

寄主：皮细蛾幼虫。

⑥跳小蜂科（Encyrtidae）。

软蚧扁角跳小蜂（*Anicetus annulatus* Timberlake）。

寄主：柑橘绵蚧。

绵蚧跳小蜂（*Metaphycus* spp.）（2种）。

寄主：柑橘绵蚧。

⑦蚜小蜂科（Aphelinidae）。

黄蚜小蜂（*Aphytis* sp.）。

寄主：黑刺粉虱。

食蚧蚜小蜂（*Coccophagus* sp.）。

寄主：黑刺粉虱。

恩蚜小蜂（*Encarsia* spp.）。

寄主：黑刺粉虱。

桨角蚜小蜂（*Eretomocerus* sp.）。

寄主：黑刺粉虱。

⑧赤眼蜂科（Trichogrammatidae）。

松毛虫赤眼蜂（*Trichogramma dendrolimi* Matsumura）。

寄主：卷叶蛾、枯叶蛾和毒蛾等鳞翅目害虫卵。

⑨黑卵蜂科（Scelionidae）。

珊毒蛾黑卵蜂（*Telenomus* sp.）。

寄主：橄榄珊毒蛾卵。

⑩扁腹细蜂科（Platygasterida）。

粉虱扁腹细蜂（*Amitus hesperidun* Silvestri）。

寄主：黑刺粉虱。

（2）双翅目（Diptera）。

①果蝇科（Drosophilidae）。

粉虱蝇（*Acletoxenus* sp.）。

寄主：黑刺粉虱。

②寄蝇科（Tachinidae）。

家蚕追寄蝇［*Exorista sorbillans*（Wiedemann）］。

寄主：大蓑蛾幼虫，跨期寄生（幼虫—蛹）。

寄蝇（*Carcelia* spp.）（2种）。

寄主：橄榄枯叶蛾，跨期寄生（幼虫—蛹）。

## （七）橄榄主要害虫及其防治

**1. 橄榄星室木虱**　橄榄星室木虱（*Pseudophacopteron canarium* Yang & Li），属同翅目，木虱科。橄榄星室木虱是目前橄榄的主要虫害。叶片被星室木虱刺吸后，叶面凹凸不平，扭曲畸形，失绿黄化，甚至脱落；嫩梢被刺吸后则萎缩、干枯脱落，并诱发烟煤病。

（1）橄榄星室木虱的主要形态特征　成虫体长1～2毫米，黄色。触角黑黄相间，末端2叉。前胸背有2深黄色纵4条。翅膜质，透明，前翅在黄褐色的翅脉上布有10个黑色斑点。腹部两侧黑褐色。

（2）橄榄星室木虱的发生规律　根据在不同类型橄榄园的系统调查结果表明，橄榄星室木虱在福州地区一年发生8代，世代重叠。以成虫在橄榄芽缝、叶背主脉附近以及橄榄园内或周围的常绿植物上越冬。

橄榄星室木虱的橄榄园种群消长与橄榄树的梢期有极密切的关系。橄榄树在春、夏、秋和晚秋各有一次嫩梢抽发期，枝梢生长营养状况对星室木虱的种群消长影响最大，每一个抽梢期都伴随一个种群增长高峰。因而橄榄星室木虱若虫也分别在4月下旬至5月中旬、7月上中旬、9月上旬和11月上旬出现4次数量高峰。成年树橄榄园以春梢抽发盛期（4～5月）橄榄星室木虱种群数量峰最高，其次为9月份秋梢抽发期，晚秋梢抽生较少，橄榄星室木虱种群数量高峰表现不明显，夏季（7～8月）橄榄星室木虱的种群数量高峰期比较短。幼树龄橄榄园以夏梢抽发期7月上旬橄榄星室木虱的种群数量最高，其次为9月份秋梢期，幼年树橄榄园橄榄星室木虱的高峰期持续时间长，秋梢后随晚秋梢的抽发而维持较高的种群数量。

（3）橄榄星室木虱的综合治理

①加强水肥管理，使橄榄的枝梢抽发整齐。

②保护利用天敌，发挥天敌的自然控制作用。

③冬季清园管理，降低橄榄星室木虱的越冬存活率。12月下旬至3月上旬用99%绿颖矿物油200倍液和50%吡蚜酮可湿性粉剂5 000倍液。清园，同时园内撒施石灰粉，树干刷白，消灭越冬虫源。

④生产季节要喷药保护新梢，特别是春梢和秋梢。

推荐农药：99%绿颖矿物油200倍液，50%吡蚜酮可湿性粉剂5 000倍液，10%呋虫胺可湿性粉剂1 500～2 500倍液，50%烯啶虫胺可湿性粉剂3 000倍液，22%噻虫·高氯氟微悬浮剂1 500倍液。梢期不整齐的果园相隔10～15天要再喷1次。橄榄星室木虱易产生抗性，应不同种类农药轮换使用，同一种农药年使用不超过2次。

**2. 橄榄皮细蛾** 橄榄皮细蛾（*Spulerina* sp.）属鳞翅目、细蛾科、细蛾亚科，是中国橄榄的主要害虫，发现于福建省的橄榄主产区。以幼虫潜食和蛀食橄榄幼果、嫩茎和叶片，初孵幼虫直接从卵壳底下潜入橄榄皮层组织中，潜食期幼虫靠移动器移动躯体，潜食前期其隧道小而弯曲，后期隧道大且隧道间常连接串通。在幼果上蛀食的幼虫在果皮膜的保护下边取食边排粪，虫粪充满蛀果的皮层之间。被蛀害的果实表皮收缩隆起，经露水浸泡后常破裂呈棉絮状，果农称之为"破棉袄"。严重影响果实的产量和品质。

(1) 橄榄皮细蛾的形态特征

①成虫：橄榄皮细蛾为细小蛾类，雌性头部和前胸银白色，触角淡灰褐色；复眼黑色。中后胸黄褐色，被同色毛。前翅黄褐色，具光泽，翅面有 4 道斜行白斑，白斑的前后缘均镶有黑条纹，翅端有一大黑斑。后翅灰褐色。腹部腹面具黑白相间的横纹。足及唇须有黑纹。

②卵：薄而扁平，圆形或椭圆形，直径 0.25～0.31 毫米，卵壳上有花纹。初产时呈乳白色半透明。

③幼虫：幼虫共 4 龄。1～2 龄幼虫体薄扁，营潜食性，头、胸宽大，腹部小，呈矢尖形。口器特化，二上颚高度发达；3～4 龄幼虫体躯圆形，咀嚼式口器。

④蛹：老熟幼虫在虫道中吐丝结茧，预蛹期虫体缩短，体色转为金黄，预蛹经 2～3 天吐丝结茧后即化蛹。

(2) 橄榄皮细蛾的发生规律　橄榄皮细蛾在福州地区 1 年发生 4 代，各代成虫发生期：越冬代（头年第四代）4 月下旬至 6 月中旬；第一代 6 月中旬至 7 月下旬；第二代 7 月中旬至 8 月下旬；第三代 8 月下旬至 10 月上旬。各世代平均发育历期分别为：第一代（45±4）天，第二代（31±2）天，第三代（47±5）天，第四代（越冬代）（240±21）天。有世代重叠现象，11 月上旬以预蛹期幼虫在橄榄秋梢嫩茎和复叶叶轴的基部至中部上吐丝结茧越冬，越冬代成虫于 5 月初羽化。成虫产卵在橄榄幼果、幼叶和嫩茎以及复叶叶轴上，其中以幼果上着卵数最多，主要产于果阴面或两果相碰处，叶上卵多产于叶面。老熟幼虫在虫道中吐丝结茧，由黄白色转为金黄色。

根据橄榄园系统调查，橄榄皮细蛾在第一代至第三代各有一个明显的高峰期，特别是 5 月中下旬至 6 月中下旬，橄榄坐果、春梢生长及夏梢抽发期，第一代橄榄皮细蛾有一个明显的数量高峰期，各虫态高峰期明显。

（3）橄榄皮细蛾的综合治理

①保护利用天敌，发挥自然控制作用。橄榄皮细蛾的幼虫有姬小蜂寄生，寄生率一般为 18％～26％，在防治过程中要注意保护和利用天敌，特别是在 7 月、8 月要充分发挥姬小蜂对幼虫的寄生控制作用。

②适时药剂防治，保护春梢和幼果。橄榄皮细蛾的主害代是第一代与第四代，其幼虫高峰期分别为 5 月下旬和 9 月中旬，所以防治的关键时期是 5 月中旬和 9 月上旬。特别是第一代幼虫除为害新抽发的春梢外，对幼果的为害更严重，是防治的关键世代。5 月中下旬橄榄坐果期、春梢生长期和夏梢抽出期，是防治橄榄皮细蛾保果保梢的关键时期。

推荐药剂：5.7％甲维盐微乳剂 1 500 倍液，22％噻虫·高氯氟微悬浮剂 1 500 倍液。轮换使用。

**3. 小黄卷叶蛾** 小黄卷叶蛾（*Adoxophyes orana* Fischer von Roslerstamm）。属鳞翅目，卷叶蛾科。以幼虫危害新梢叶片。为害时将一片至多片叶网卷成巢，幼虫白天于巢内取食，黄昏后出巢活动。幼虫不仅食害嫩梢、幼果，导致大量落花、落果，致使橄榄减产；危害严重时，可食害橄榄的全部叶片，导致植株枯死。

（1）小黄卷叶蛾的形态特征

①成虫：雌蛾体长 6～8 毫米，翅展 18～20 毫米，雄蛾体长 5～7 毫米，翅展 16～18 毫米。身体棕黄色，中带上半部狭窄，下半部向外侧突然增宽，两翅合并覆盖在身体背面时呈钟状，在翅面中部偏外侧有倾斜的 h 形斑纹。后翅及腹部为淡黄色。雄蛾前翅前沿基部有一缘褶。

②卵：扁平，椭圆形。浅黄色。数十粒排列呈鱼鳞状。

③幼虫：共5龄。成长幼虫体长17～18毫米。体色浅绿色至翠绿色，头部浅绿色。前胸背板淡黄褐色，胸足黄褐色。

④蛹：体长9～10毫米，黄褐色，细长形，腹部第2～7节背面各有2横列刺突。

（2）小黄卷叶蛾的发生规律 在广东、福建等地年发生6代，世代重叠，以老熟幼虫在树皮裂缝和枯枝落叶中结茧越冬，越冬蛹在3月开始羽化，产卵于新抽发的春梢嫩叶背面，数十粒一块，卵块呈鱼鳞状。第一代幼虫4月中旬开始孵化，幼虫孵化后吐丝下垂，借风飘荡转移到新梢为害春梢叶片。第二代幼虫5月下旬开始孵化，为害春梢叶片和幼果，第三代、第四代幼虫分别在6月下旬和7月下旬开始孵化，为害夏梢叶片。第五代、第六代幼虫分别在8月中旬和9月上旬开始孵化，为害秋梢叶片。

成虫白天不活跃，多栖息在橄榄叶片背面或草丛间，20：00～22：00活动，有趋光性和趋化性。成虫产卵在叶片背面，每雌可产卵1～3块，每卵块含27～84粒，平均62粒。成虫产卵受干旱天气影响较大，遇干旱天气时成虫卵量明显减少。初孵化的幼虫先啃食卵壳，然后分散到附近的叶片背面或前一代幼虫为害遗留的卷叶虫苞内啃食叶肉，稍长大即各自在新梢上卷叶为害。在5～6月间除在橄榄新梢上为害叶片外，还能潜伏在叶与果之间、或果与果相接的地方，啃食叶肉和果皮，并吐丝把相邻的叶片缀合在一起形成虫苞，幼虫潜居其中食害叶片。当叶片严重受害、幼虫食料不足时，再向新梢叶片转移，重新卷叶为害，并咬食幼果果皮。幼虫行动十分活跃，受惊动时会剧烈扭动身体从卷叶中脱出，吐丝下垂逃逸。幼虫老熟后在卷叶内或虫苞间化蛹。成虫羽化时一半蛹壳抽出卷叶或虫苞之外。

根据在闽清梅溪格洋橄榄场的橄榄园系统调查资料，橄榄园内小黄卷叶蛾的年发生消长有4个数量高峰期：其幼虫高峰期分别出现在 5 月中旬、6 月上旬、8 月上旬，9 月上旬；蛹高峰期分别出现在 6 月上旬、7 月上旬、8 月中旬、9 月中旬；成虫的数量高峰不很明显，分别出现在 4 月下旬、6 月上旬、7 月上旬、8 月中旬，9 月中旬；卵高峰期分别在 5 月上旬、6 月上旬、7 月中旬、8 月中旬。

（3）小黄卷叶蛾的综合治理

①冬季修剪：剪除卷叶除茧，减少越冬虫源。

②灯光诱杀：利用成虫的趋光性，可用黑光灯诱杀。

③药物防治：推荐选用 5.7％甲维盐微乳剂 1500 倍液，22％噻虫·高氯氟微悬浮剂 1500 倍液等喷雾防治。

④生物防治：保护利用天敌。

**4. 橄榄枯叶蛾**　橄榄枯叶蛾（*Metanastria terminalia* Tsai et Hou），属鳞翅目，枯叶蛾科。橄榄枯叶蛾以幼虫取食叶片，严重时把叶片吃光，严重影响橄榄树势。

（1）橄榄枯叶蛾的形态特征

①成虫：雌蛾体长 33～37 毫米，翅展 62～66 毫米，体背淡褐色，腹面红褐色。触角羽状，灰白色；头、胸部及各足腿节均有褐色细毛。前胸背板有一深褐色横线，腹部背面有数个深褐色环纹。前翅具深褐和灰白色带状横纹相间排列，翅缘黑色；后翅中部有一褐色横纹，翅缘白色。雄蛾体长 21～26 毫米，翅展 27～34 毫米，体色较雌蛾为深，腹背末端黑色。触角灰白色，向内弯曲；翅基部与体同色，翅端部黑褐色，边缘略微透明。

②卵：近圆形，直径 1.5 毫米，两端褐色，中部为白色环带，上有一黑色小孔。卵成块产于细枝条上。

③幼虫：老熟幼虫体长 60～75 毫米，略呈圆筒形。头部黑色，宽 6～8 毫米，全体有簇状黄褐色长毛，体背黑色短毛较多；胸腹部深褐色，具黑色环节，体背两侧各有两条黄斑串联而成的纵纹。体节背部红、蓝、黄点相间排列，中、后胸背板上还各有一个黑色

毛瘤。低龄幼虫体毛黑色，背纵线不明显，可见红、黄点相间排列，毛瘤不明显。

④蛹：雌蛹长 36～38 毫米，雄蛹长 26～29 毫米，深褐色，顶端有黄色绒毛，蛹壁覆有褐色短毛，其上有倒钩。

（2）橄榄枯叶蛾的发生规律　橄榄枯叶蛾在福州一年发生 2 代，以老熟幼虫群集在树干上越冬，翌年 3 月越冬幼虫开始活动取食，约经 60 天（至 5 月初）化蛹，5 月下旬成虫羽化，交尾并产卵于细枝干上，卵期约 21～22 天。第二代幼虫于 8 月下旬开始化蛹，9 月中旬成虫羽化产卵，11 月中下旬幼虫发育至 3 龄时群集越冬。

成虫多在白天羽化，以植物的花蜜为食。羽化后 2～3 天交尾产卵，卵块产于细枝干上，每块 100～200 粒不等。雌蛾寿命 6～7 天，雄蛾 4 天左右。卵经 21 天孵化，同一卵块孵化时间整齐，数小时内即可孵化完毕。初孵幼虫群集在树干上，活动较少。夜间取食叶片，3 龄后开始越冬。翌年春季日平均气温达 13～15℃时越冬幼虫开始取食，最初幼虫群集食害叶片成缺刻，严重时将叶片食至叶柄，幼虫所群集的枝梢叶片多被取食成光秃状。5 龄幼虫开始分散活动，食量剧增，每头幼虫每天可食 2～3 片叶。幼虫老熟后即于数片叶之间吐丝结茧，蜕皮化蛹，蛹期 25～27 天。

（3）橄榄枯叶蛾的综合治理

①药剂防治：利用幼虫白天群集于树干或叶片的特性，用 5.7%甲维盐微乳剂 1 500 倍液或 22%噻虫·高氯氟微悬浮剂 1 500 倍液等喷雾防治。

②生物防治：保护利用天敌。

**5. 橄榄蛀果野螟**　橄榄蛀果野螟（*Algedonia* sp.）属鳞翅目、螟蛾科，是 20 世纪 80 年代以来为害潮汕地区橄榄树的主要害虫之一。以幼虫蛀入榄果实蛀食为害，造成榄果内部坑道交错、充满粪便，致使榄果变黑褐、腐烂、提早脱落。

（1）橄榄蛀果野螟的形态特征

①成虫：体长 9.0～12.0 毫米，翅展 23.0～24.0 毫米。体浅褐色，触角丝状，两复眼间长有黄白色鳞片。下唇须发达，向前伸。中胸肩板上有 1 个明显黄白色箭头斑，与前胸翼片上的黄白色小三角形斑相接近。前翅褐色，光滑有银色光泽，靠近外缘有 2 条波浪形褐色带；中室前缘中间有 1 个深褐色圆点，上角至下角有 1 段深褐色条斑。后翅灰白或灰褐色，有 1 条褐色带。停息时，体近正三角形。腹部有白色横纹相间。足细长，前足胫节扁平褐色，端部稍大，有白色绒毛；中足胫节末端有 1 距，后足胫节有 1 对中距和 1 对端距。

②卵：扁椭圆形，长约 8.5～8.8 毫米，宽 6.5～6.8 毫米。初产时乳白色，后逐渐变为橘红色。

③幼虫：老熟幼虫体长 10.8～17.5 毫米，体黄白色，虫体各节前缘有 1 条鲜红色圈带，前胸背板有黑褐色斑。腹足 4 对，腹足趾钩单序缺环。

④蛹：梭形，长 10.0～12.0 毫米，初期为草绿色，后转为黄褐色，至羽化时为红棕色。

（2）橄榄蛀果野螟的发生规律

①年生活史：橄榄蛀果野螟在广东揭阳地区 1 年发生 3 代，以老熟幼虫或蛹在青榄和乌榄枯枝上越冬。翌年 5 月中旬第一代幼虫开始为害乌榄及早熟的青榄。6 月中旬至 7 月下旬幼虫陆续化蛹，7 月为成虫高峰期。第二代、第三代幼虫分别在 7 月上旬和 9 月中旬开始危害，世代重叠。

②生活习性：橄榄蛀果野螟成虫白天少活动，偶见停息于叶背。成虫遇惊爬行迅速，对黑光灯趋性不强。每头雌成虫怀卵30～40 粒，产卵于榄果上，单粒散产或多粒并在一起，有时由榄果流出白色黏状物而将卵裹住。初孵幼虫就近蛀食，榄果受其为害后会出现几个深度不一的蛀孔。幼虫有蛀入榄果中心的习性，直接蛀到

较嫩的果核内取食，果核较硬时则在其周围为害。4龄、5龄幼虫食量大增，常将榄果蛀剩一层外表皮，榄果变褐或变黑。幼虫还将排在果核内的粪便不断从蛀入孔处推出果外，因此可根据受害果外堆积粪便的新鲜程度来判断果内是否有活虫。幼虫在食料恶化后，能爬出果外吐丝下坠或沿枝梢蛀食为害。橄榄蛀果野螟主要是幼虫蛀害的果实和在枝条内化蛹。

（3）橄榄蛀果野螟的综合治理

①保护天敌：橄榄蛀果野螟的天敌有茧蜂、草蛉、螨、蜘蛛等，应加以保护利用。

②药物防治：低龄幼虫时，可用2.5%功夫乳油5 000～6 000倍液、2.5%敌杀死乳油5 000～6 000倍液喷杀。

**6. 橄榄锄须丛螟** 橄榄锄须丛螟（*Macalla* sp.）属鳞翅目、螟蛾科，是20世纪80年代以来为害潮汕地区橄榄树的主要害虫之一。以幼虫取食为害橄榄嫩梢、叶片，幼虫吐丝与叶片黏结在一起，匿居其中取食，蜷缩成枯萎状，影响树木的正常生长，造成树体生长势减弱，产量下降。严重为害时，可食去整株叶片的1/2，导致枯梢，甚至整株枯死。

（1）橄榄锄须丛螟的形态特征

①成虫：翅展22～28毫米，头黑色，头顶灰白色。下唇须黑色，触角黑褐色，纤毛状；腹部黄褐色，足黑褐色，前翅长三角形，基域黑色，内横线黑色向内倾斜，中域赭褐色散布有黑色鳞片，后翅基部灰白色半透明，顶角及外缘赭褐色，双翅缘毛黑、白色相间。

②卵：长0.7～0.9毫米，乳白色，椭圆形，稍扁平。

③幼虫：体长26～30毫米，刚蜕皮时呈黄绿色，逐渐变深至黄褐色；化蛹前虫体变短，体色变深红色；体背有1条黄色宽带，两侧各有2条浅黄色线，幼虫身体两侧沿气门各有1条黑褐色纵带；每节背面有细毛6根。

④蛹：体长 11～13 毫米，深红褐色，腹末有 8 根钩刺。

（2）橄榄锄须丛螟的发生规律　该虫在广东潮阳 1 年 4 代，世代重叠现象严重。老熟幼虫 3 月上旬至 4 月中旬在树冠下表土层 1～3 厘米处或枯枝落叶层结茧化蛹越冬，蛹期 11～15 天。3 月下旬至 4 月下旬成虫羽化、交配、产卵。成虫期 4～7 天，卵期 4～6 天。4 月上旬第一代幼虫出现为害，第二代、第三代、第四代幼虫分别在 6 月上旬、7 月下旬、9 月中旬、10 月下旬至 12 月中旬出现，幼虫期 30～37 天。

（3）橄榄锄须丛螟的综合治理

①冬耕除蛹：利用该虫下地入土化蛹的习性，冬耕除草，并将表土层焚烧以杀死虫蛹。

②灯光诱杀：利用成虫的趋光性，用黑光灯或频振式杀虫灯诱杀成虫。

③保护天敌：橄榄锄须丛螟的天敌有茧蜂、草蛉、螨、蜘蛛等，应加以保护利用。

④药物防治：低龄幼虫时，可用 2.5％功夫乳油 5 000～6 000 倍液、2.5％敌杀死乳油 5 000～6 000 倍液喷杀。

**7. 小直缘跳甲**　小直缘跳甲（*Ophride parua* Chen et Zia）属鞘翅目、叶甲科、跳甲属。小直缘跳甲以成虫、幼虫取食橄榄的小叶。受害后的枝梢呈现枯萎状，丧失开花结果能力。橄榄受其反复危害后，造成大量枯枝，严重的可导致整株死亡。

（1）小直缘跳甲的形态特征

①成虫：体褐色，善于跳跃。体长 5～7 毫米，宽 3～4 毫米，鞘翅上具白色斑点，后足腿节显著膨大。卵呈米黄色。

②卵：圆形，长 1 毫米左右。

③幼虫：体较小型，表皮柔软，胸足 4 节、不发达，头部发达、较坚硬，咀嚼式口器，肛门向上开口，粪便排于体背上并把幼虫盖住。老熟幼虫形状狭长，体长近 10 毫米。

④蛹：离蛹，淡黄色，体长约 7 毫米；触角、翅、足的芽体露在外面。

（2）小直缘跳甲的发生规律　在广东揭阳 1 年发生 2 代，以成虫在叶片的背面越冬。卵产在橄榄秋梢先端的叶芽处，4 月上旬出现第一代幼虫，4 月底化蛹，成虫 5 月底出现，开始危害叶片。小直缘跳甲成虫有假死性，受外界惊扰时，会把触角和足缩起，跌落在地上，过一会儿就会爬起。

（3）小直缘跳甲的综合治理

①药物防治：春梢期和秋梢期是小直缘跳甲幼虫发生为害的高峰期，也是防治小直缘跳甲的最适时期，可用 2.5% 敌杀死乳油 5 000～6 000 倍液喷杀。

②人工摘卵块：小直缘跳甲第一代虫卵的孵化率较高，且第一代幼、成虫的危害性也较大，因此，可采用人工摘卵块，减少卵块数及其孵化率，减轻危害。

**8. 恶性橘啮跳甲**　恶性橘啮跳甲（*Clitea metallica* Chen）又称恶性叶甲，属鞘翅目、叶甲科。主要分布于我国南方各省（自治区）。恶性叶甲以幼虫取食嫩叶，以第一代幼虫为害春梢，第二代为害夏梢最为严重，幼虫啃食叶肉后留下叶脉，再分散转移至叶缘，沿叶缘啃食叶片，将叶片吃成缺刻，甚至将叶片全部吃光。

（1）恶性橘啮跳甲的形态特征

①成虫：体长椭圆形，蓝黑色，有金属光泽，触角黄褐色，前胸背板密布小刻点，鞘翅上有纵列的小刻点 10 行。胸部腹面黑色，足黄褐色，后足腿节膨大，腹部腹面黄褐色。雌虫体长 3～3.8 毫米，雄虫体较小。

②卵：长椭圆形，长径约 0.6 毫米，初为白色，有光泽，后变黄白色，将孵化时为深褐色，卵壳外有一层黄褐色的网状黏膜。

③幼虫：幼虫体长 7～9 毫米，头黑色，胸、腹部草黄色。前胸背板半月形，中央有一纵线分为左右两块，中、后胸侧各有一个

黑色突起，胸足黑色。

④蛹：椭圆形，长约2.7毫米，初为黄白色，后变橙黄色，腹末端有一对端色较深的叉状突起。

（2）恶性橘啮跳甲的发生规律　在广东高州市1年发生4代，各代幼虫发生期依次为3月上旬至4月上旬、6月上旬至下旬、8月中旬至9月上间、10月中旬至11月上旬，以成虫在树干裂缝、霉桩、卷叶、枯叶中越冬，越冬成虫于次年2月下旬开始活动。成虫羽化后2～3天开始取食，卵多产于叶尖和叶的边缘。幼虫共3龄，有群集性。成虫善跳跃，有假死性。

（3）恶性橘啮跳甲的综合治理

①清洁橄榄园：清理枯萎叶、卷叶，堵塞树洞等，清除霉桩，树体伤口处要涂蜡或鲜牛粪和黏土（1∶1混合）加以保护，以减少越冬和化蛹场所。

②消灭苔藓：喷洒松脂合剂消灭苔藓、地衣。

③药物防治：在低龄幼虫盛发期，用2.5%功夫乳油5 000～6 000倍液、2.5%敌杀死乳油5 000～6 000倍液喷杀防治，10天后再喷药1次。

**9. 漆蓝卷象**　漆蓝卷象（*Involvulus haradai* Kono）属卷象科、蓝卷象属，是在福建省平和天马国有林场首次发现的橄榄新害虫。为害橄榄新梢和花果，以成虫吸取橄榄嫩梢、果实的汁液。枝梢受害后，1～3天内迅速枯萎，枯梢容易剥离；为害花穗的，造成花朵干枯；果实受害后，果实变小畸形，严重的会干枯脱落，严重影响果实品质。

（1）漆蓝卷象的形态特征

①成虫：不包括头、喙的成虫体长3.2～4.0毫米。前胸、鞘翅具青蓝色光泽，触角、足黑色。喙细长，略向下弯。触角11节，着生于喙基部1/4处，鞘翅两侧基部近平行，中间以后向外略凸，基部向中间小盾片方向略倾斜。臀板部分外露，具明显刻点和细小

刚毛。前足基节大，紧靠一起，后足基节与后胸前侧片相连，腿节棒状，胫节细长，爪离生，有附爪。

②卵：长椭圆形，长 0.8～1.0 毫米，宽 0.5～0.7 毫米，光滑略透明，初产时乳白色，近孵化时为黄白色。

③幼虫：初孵幼虫体长 1.0～1.4 毫米，体宽约 0.8 毫米；老熟幼虫体长 4.0～5.3 毫米，体宽 1.7～2.2 毫米，淡黄色。体弯曲，被稀疏白色刚毛。身体除前胸背板靠近头部浅褐色外，其余为乳白色至浅黄色，略透明。

④蛹：体长 3.7～4.3 毫米，宽 1.9～2.4 毫米。乳白色，腹末、喙端部有刚毛。

(2) 漆蓝卷象的发生规律　该虫在福建平和一年发生 2 代，主要以老熟幼虫在土壤中筑土室越冬，也有少数幼虫直接在橄榄枯梢中越冬。各虫态发生时间不整齐。4 月上旬幼虫开始化蛹的，4 月中旬羽化，4 月下旬成虫开始为害春梢，5 月中旬至 6 月中旬为越冬代成虫盛发期。5 月中旬开始产卵的，5 月下旬第一代幼虫孵出，6 月下旬化蛹，7 月下旬第一代成虫羽化，8 月上旬开始产卵，8 月中旬幼虫孵出，9 月下旬开始入土越冬。成虫 10 月上旬为末期，但在 11 月，仍有少数幼虫在枯梢中取食。漆蓝卷象成虫有假死性。

(3) 漆蓝卷象的综合治理

①人工摘除枯梢：在新梢抽发危害期，利用受害梢易剥离的特点，摘除受害的枝梢，消灭卵和幼虫。

②冬季松土灭蛹：冬季浅耕橄榄园，深度在 10 厘米左右，以破坏漆蓝卷象虫土室，使越冬蛹受到伤害死亡。

③选择适宜品种：应选择春梢抽发早和枝梢粗壮的优良品种。春梢早抽发可错过越冬代成虫危害期，粗壮的枝梢纤维多，木质化快，使成虫难于钻孔取食和产卵，故可减轻危害。

④生物防治：以白僵菌或病原线虫防治地里幼虫，白僵菌可用产品菌或浸出液过滤后喷洒在橄榄树冠的投影地面。

⑤药物防治：可选择 16％虫线清乳油 1 000 倍液，2.5％敌杀死乳油 2 500 倍液，30％速克毙乳油 1200 倍液进行树冠喷雾。

**10. 福建橄榄瘿螨**　福建橄榄瘿螨（*Fujianacaricalus albumus* sp.），属于瘿螨总科（Eriophyoidea）瘿螨科（Eriophyoidae）叶刺瘿螨亚科（Phyllocoptinae）小丽瘿螨族（Acaricalini）中的一种。福建橄榄瘿螨在橄榄刺吸为害橄榄叶片，多为害叶背，受害叶片先从叶尖开始变褐，然后向叶缘、叶基扩展，叶缘开始向内卷曲，导致叶片变褐、变硬、枯萎脱落，严重影响树体长势主要为害橄榄新梢和嫩叶，造成叶片变褐、变硬、枯萎脱落。一年中以春梢受害最为严重其次为秋梢。福建橄榄瘿螨为害具有趋嫩性，主要为害刚萌发的新梢嫩叶，一般不为害长度超过 2 厘米开始转绿的叶片。

（1）福建橄榄瘿螨的形态特征　福建橄榄瘿螨背盾板纹饰呈中空状，背瘤内指，足基节有瘤状纹饰。

（2）福建橄榄瘿螨的发生规律　福州地区福建橄榄瘿螨发生时期与气温及橄榄梢萌发时间有关，世代重叠现象明显。一年中以春梢受害最为严重，其次为秋梢。2～3 月气温较低，早春梢为害较低。4 月初，如果温暖的天气（日均温≥15℃）持续 5 天左右，春梢嫩叶就出现被害症状，即叶尖开始变褐变卷。4 月上中旬至 5 月上旬（日均温 15～25℃），春梢嫩叶为害加重，受害严重的果园嫩梢受害率可高达 70％以上。这个阶段为福建橄榄瘿螨的螨口密度增长高峰期，在受害嫩叶背面能观察到大量的成螨、若螨和卵，一片 1 厘米长度的嫩叶上福建橄榄瘿螨的数量多可达百头以上。夏季气温进一步升高，螨口密度开始减少，夏梢受害较轻。9 月中旬至 10 月上旬伴随着秋梢的萌发，虫口密度开始增加。11 月至翌年 3 月螨口密度减少。

（3）福建橄榄瘿螨的综合治理

①农业防治：在橄榄采果后，结合冬季控梢修剪，做一次全面

的清园，剪除病弱枝、衰老枝、过密枝、内膛枝、重叠枝，清理地上落叶、落果。在福建橄榄瘿螨为害严重的果园，要剪除瘿螨虫口密度大的枝梢，并集中烧毁或深埋，消灭越冬虫源。

②化学防治：根据福建橄榄瘿螨的发生特点、生活习性适期喷药。可在春季及秋季橄榄新梢抽发时进行化学防治。药剂及使用剂量选择视情况使用：48％乐斯本乳油 1 000～2 000 倍液、24％螨危悬浮剂 3 000～5 000 倍液、99％绿颖乳油 100～250 倍液。防治时应重点喷施新梢部位，应交替轮换用药，避免瘿螨产生抗药性。

## （八）橄榄病虫害的综合治理策略

有效控制病虫为害是橄榄丰产栽培的关键。长期以来，橄榄多以半野生状态的零星种植为主，管理粗放，产量低，橄榄病虫害研究基础极其薄弱。随着人们生活水平的提高，橄榄果品的需求量日益增加，橄榄的种植面积也迅速扩大，已经发展为大面积连片种植，并加强了病虫防治工作。但由于各地橄榄园的自然地理环境、管理水平的差异，目前生产上病虫防治还存在比较多的问题，其中盲目用咬药造成药害、害虫再生猖獗的问题特别突出。本着"预防为主，综合防治"的植保方针，结合目前橄榄栽培和病虫防治的实际情况，综合考虑各种病虫控制措施，本研究制定了"以农业防治为主，充分发挥自然控制因子的控制作用，协调采用物理与化学防治"的橄榄园病虫综合治理方案，并在闽清、闽侯的 6 个不同类型的橄榄园进行防治推广试验，取得了很好的效益。

**1. 农业防治**　结合果园管理措施，改善果园生态环境，加强橄榄树势提高抗逆性，抑制病虫保护天敌是橄榄病虫害农业防治的目标。针对目前橄榄栽培管理的情况，我们提出了以下农业防治措施：

（1）冬季适当修剪与清园管理，降低病虫越冬基数　长期以来，橄榄栽培比较粗放，没有进行修剪定型。导致橄榄贪高徒长，树体分层不明显，内膛过密，严重影响果园的通风通光性。在研究通过冬季对橄榄树进行适当修剪，剪除病虫枝、病弱枝和过密的枝梢及内膛枝，并集中烧毁。通过冬季修剪可以优化树型结构，增强果园的通风通光性，提高橄榄树的抗逆性；通过修剪和对橄榄园及其附近的杂草灌木进行清除，可以有效低降低害虫的越冬存活率，降低来年的病虫基数。

（2）合理施肥，调节橄榄树长势，提高橄榄果树的抗性　橄榄是常绿大乔木果树，对肥料的需求量比较大。长期以来，果农对橄榄施肥单一，以尿素和碳铵为主，导致橄榄树的抗病虫能力下降；施肥时机把握不好，导致橄榄抽梢、开花、结果很不整齐，导致病虫发生为害逐年加剧。本研究通过增施过磷酸钙复合肥和有机肥等，避免叶片过于贪绿徒长，根据橄榄树的生长、开花结果情况，调节施肥时间、次数和施肥量，调控橄榄果树的生长，提高橄榄树的抗性。

（3）抹芽控梢，适时放梢，减少害虫的过渡食物来源　橄榄上许多害虫聚集在新梢上为害，而且这些害虫的发生与橄榄新梢抽发时间关系密切，如橄榄星室木虱。在橄榄每期开始抽发时，对前期零星不整齐抽发的新梢尽可能抹除，使橄榄抽梢整齐，避免橄榄星室木虱连续为害。在放梢前集中施肥或叶面追肥，使新梢抽发整齐有力，缩短橄榄新梢的危险期。

**2. 保护和利用天敌，充分发挥自然因子的控制作用**　根据果园实际调查结果表明，橄榄园内害虫种类众多，常见害虫有 40 多种，其中橄榄星室木虱、橄榄皮细蛾、橄榄枯叶蛾、小黄卷叶蛾、大蓑蛾、龟蜡蚧、珊毒蛾、脊胸天牛、黑翅吐白蚁等 9 种是橄榄园的重要害虫，常年对橄榄造成严重为害。在调查过程中还发现，橄榄园内害虫的天敌种类也十分丰富。根据果园调查表明，其中橄榄星室木虱的天敌就有红基盘瓢虫、红星盘瓢虫、异色瓢虫等 13 种瓢虫，以及亚非草蛉、黑肩绿盲蝽、蜘蛛、跳小蜂等共 20 多类捕食性和寄生性天敌，其中以红基盘瓢虫和红星盘瓢虫为橄榄星室木虱的优势捕食性天敌。此外橄榄皮细蛾幼虫期有姬小蜂寄生，橄榄珊毒蛾卵期有黑卵蜂和赤眼蜂寄生，幼虫期有绒茧蜂寄生，还有寄蝇跨期寄生，橄榄枯叶蛾也有卵寄生蜂和乳色茧蜂寄生幼虫以及寄蝇跨期寄生。许多果农反映过去橄榄很少虫害，现在很多零星种植的橄榄虫害也较轻，主要就是天敌在其中发挥了重要作用。所以橄榄园要适当绿化，或采用稻草等进行树头覆盖，合理使用农药，注意保护和利用天敌，发挥自然天敌对橄榄害虫的控制作用。

**3. 利用害虫趋性，有效地采用各种物理防治措施防治害虫**

（1）灯光诱杀　利用部分害虫的趋光性，在果园内布设黑光灯诱杀害虫。我们先后在闽清格洋橄榄场、闽侯竹岐林果场橄榄园，白沙马坑橄榄园等设黑光灯进行诱杀橄榄害虫，结果表明对金龟子、脊胸天牛、小黄卷叶蛾、黑翅土白蚁等具有趋光性的害虫有很好的防治效果。

（2）冬季树干涂白　冬季用石灰加石硫合剂进行树干涂白，防止病虫害在树干上越冬，同时可以减轻冻害。

（3）果园可以采用适当覆盖以减少病虫为害，保护天敌　冬季除草时把隐埋在橄榄树头周围，夏季果园内保持适当绿化，对植被较差的果园可用稻草覆盖。

（4）结合果园看护管理，人工捕杀害虫，剪除初发的病叶和摘除病果　在橄榄皮细蛾发生期，发现虫果及时摘除或捏死果皮下的幼虫。在小黄卷叶蛾、大蓑蛾、珊毒蛾等鳞翅目害虫的幼虫发生初期摘除幼虫。在脊胸天牛、金龟子等鞘翅目的成虫发生期人工捕杀成虫。发现早期病叶和病果要及时摘除，以免流行扩散。

**4. 关键时刻，及时辅以药剂防治**

（1）掌握虫情，适期防治　在每次新梢抽发初期，注意调查各种在新梢上为害的病害虫种类及其发生情况，掌握时机在病虫初发期喷药防治。

（2）选择高效安全农药种类　根据田间药剂试验和药剂筛选结

果，以下农药在橄榄园使用比较安全有效：

①橄榄木虱：99％绿颖矿物油 200 倍液，50％吡蚜酮可湿性粉剂 5 000 倍液，10％呋虫胺可湿性粉 1 500～2 500 倍液，50％啶虫胺可湿性粉剂 3000 倍液，22％噻虫•高氯氟微悬浮剂 1 500 倍液。

②小黄卷叶蛾：5.7％甲维盐微乳剂 1500 倍液，22％噻虫•高氯氟微悬浮剂 1500 倍液。

③橄榄叶斑病：10％多抗霉素可湿性粉剂 1 000 倍液；80％代森锰锌可湿性粉剂 600 倍液；70％甲基硫菌灵水分散性粒剂 800 倍液；40％苯咪甲硫可湿性粉剂 1 000 倍液；10％苯醚甲环唑水分散性粒剂 1 500 倍液。

④橄榄炭疽病：30％多菌灵•咪鲜胺水分散性粒剂 1 000 倍喷，45％咪鲜胺水乳剂 1 500 倍液，50％咪鲜胺锰盐可湿性粉剂 1 500 倍液，50％春雷•多菌灵可湿性粉剂 800 倍液，10％多抗霉素可湿性粉剂 1 000 倍液喷雾，80％代森锰锌可湿性粉剂 600 倍液。

⑤细菌性枯梢病：4％春雷霉素可湿性粉剂 1 000 倍液。

（3）注意预防药害，切忌盲目用药　一定要选用高效、低毒、低残留农药，同时在夏季要避免在中午太阳暴晒时喷药。

**5. 全盘考虑，制定橄榄园周年管理措施**　橄榄病虫害防治是橄榄栽培管理的重要环节，为了更好地组织橄榄病虫害的综合防治，我们在调查和试验的基础上，结合橄榄周年的生长、开花结果习性，制定了橄榄果园病虫害周年管理措施，便于果农掌握和实施。周年管理计划措施如下：

（1）1月：橄榄处于休眠期。进行果树修剪，剪除过密枝、病弱枝、衰老枝、分叉枝、下垂枝、重叠枝，做到果树枝条分层清楚，通风透光，促进内膛枝的健壮生长发育，形成良好的结果母枝。

（2）2月：橄榄处于休眠期。扩穴松土、施肥，喷药进行清园处理。

（3）3月：橄榄处于相对休眠期，花芽分化。重点预防第一代橄榄星室木虱保春梢，掌握在若虫高峰期之前，采用 99％绿颖矿物油 200 倍液＋50％吡蚜酮可湿性粉剂 5 000 倍液喷雾。

（4）4 月：橄榄春梢萌发，一级花穗抽发。防治第一代小黄卷叶蛾，采用 5.7％甲维盐微乳剂 1 500 倍液或 22％噻虫·高氯氟微悬浮剂 1 500 倍液进行喷雾。

（5）5 月：橄榄春梢生长期，二级花穗抽发。防治橄榄叶部病害和第二代橄榄星室木虱、第一代橄榄皮细蛾，采用 10％呋虫胺可湿性粉 1 500～2 500 倍液＋10％多抗霉素可湿性粉剂 1 000 倍液喷雾。进行灯光诱杀橄榄园害虫，同时注意人工捕杀脊胸天牛成虫。灯光诱杀。

（6）6 月：橄榄幼果生长期。防治第二代小黄卷叶蛾、橄榄枯叶蛾和第三代橄榄星室木虱等害虫及幼果和叶片上的病害，施肥促进果果实生长。采用 50％啶虫胺可湿性粉剂 3 000 倍液＋70％甲基硫菌灵水分散性粒剂 800 倍液喷雾。灯光诱杀。

（7）7 月：橄榄夏梢萌发期。重点防治第二代橄榄皮细蛾和第四代橄榄星室木虱保夏梢，50％啶虫胺可湿性粉剂 3 000 倍液喷雾。进行抹芽控梢，抑制橄榄星室木虱的发生。灯光诱杀。

（8）8 月：橄榄夏梢生长期。重点防治果实和叶部的病害，40％苯咪甲硫可湿性粉剂 1 000 倍液＋4％春雷霉素可湿性粉剂 1 000倍液喷雾。对幼树进行整形夏剪，促进侧枝生长。灯光诱杀。

（9）9 月：橄榄果实成熟期和秋梢萌发期。视虫情防治第五代橄榄星室木虱，采用 50％啶虫胺可湿性粉剂 3 000 倍液或 22％噻虫·高氯氟微悬浮剂 1 500 倍液。喷雾，同时兼治第五代橄榄卷叶蛾类。灯光诱杀。

（10）10 月：橄榄果实成熟期，秋梢生长期。果园除草，准备采收，清洁橄榄园。

（11）11 月：橄榄开始休眠，果园采收。

（12）12 月：橄榄休眠期。果园采收和准备果树修剪。

# 十一、果实采收

橄榄采收时间对果实产量、品质和树体的恢复，翌年的产量有着密切的关系。过早采收，果核未硬化，内含物不够丰富，品质低，果皮易皱缩，果实不耐贮藏；过迟采收果实易掉落，留果期长会消耗树体养分，影响翌年产量。只有适时采收，才能满足鲜食和不同加工品质的需要，获得较高的经济效益和生态效益。

## （一）采收时间

橄榄的成熟期因种植地区、栽培品种而异，果实未成熟时各品种一般都呈青绿色果核未硬化，核仁未饱满。成熟时有各品种特有的色、香、味。橄榄的采收时间因地区、品种和用途而不同。

一般橄榄的成熟期为 10～12 月份，10 月份成熟为早熟品种，11 月份成熟为中熟品种，12 月份成熟为晚熟品种，大部分橄榄品种成熟期在 11 月份。采收时间根据用途而定，主要是加工和鲜食两个种类。

以加工型橄榄长营与鲜食型橄榄清榄 1 号为例，在 9 月中旬，果实的单果重基本稳定，果皮基本表现黄绿，果肉转变为白色或黄色，果核呈现硬质浅褐色，几乎完成各部位色泽转变，酚类物质含量降低，可溶性糖含量在 10 月上旬之后上升，固酸比成熟期含量高。因此，加工型橄榄，可适当早采，风味旨在符合加工凉果蜜饯的要求。而鲜食型橄榄，应待果实充分成熟、果皮着色良好、风味浓厚时采收。

橄榄供加工蜜饯用果，可适当提前到 9 月份早采，作为加工饮料用果要到风味形成以后完全成熟期采收，供贮藏的用果一般九成熟采收较耐贮藏。如作鲜食，要完全成熟才能采收，如檀香橄榄多在 12 月立冬前后采收，太早采收苦涩味浓，果实容易失水，果皮皱缩，不耐贮藏。有的可在树上挂果贮藏，但应在霜冻来临前采收完毕。

**1. 传统蜜饯加工果**　　用于加工传统蜜饯的果实，一般在 9 月果核硬化期采收青果。这时的橄榄果实虽不具备各品种特有的色、香、味，但果已成形，符合加工凉果、蜜饯的基本要求。而且，此时采收，秋梢可以早萌发，为翌年的丰产打下基础。

**2. 贮藏保鲜用果**　　用于贮藏保鲜的橄榄果实九成熟具有品种特有的色、香、味时，即可采收。早采和晚采都不利于贮藏。早采果实组织不充实，含水量高，容易腐烂和变质。晚采，细胞开始走向衰老，不利于长期贮藏。

**3. 鲜食橄榄果实**　　宜完全成熟时采收，保证橄榄品种果实的风味和品质特征，不同品种成熟不一。清榄 1 号早熟品种，在 10 月下旬就可采收，但到 12 月中旬也不过熟；闽清 2 号中熟品种，一般在 11 月中下旬即可采收，直到 12 月中旬；灵峰品种晚熟品种，要到 12 月中旬才完全体现品种鲜食的超群品质。鲜食品种如果采收过熟果则表现出风味变淡、食用品质下降，失去其鲜食价值。

## (二) 采收方法

橄榄在采收过程中，由于外果皮直接与环境接触，极易造成机械伤而变色。对树体而言，橄榄果枝顶芽是抽生次年的结果枝，采收果实时不能损伤果枝顶芽。采果前，必须做好各项准备工作，采果用的工具如采果篮、装果筐（箱）、采果剪、梯凳等要准备齐全，果篮、果筐等应内衬编织布、棕皮或薄膜等软垫物，以防果皮擦伤。对丰产树要分期采收，以免造成树体水分失衡，导致落叶。

采果时应由下而上，由外而内，依次采摘。采运过程中要严格执行操作规程,做到轻采、轻放、轻装、轻卸。指甲要修平,或戴上手套,以免损伤果皮;采摘时剪口要齐果蒂剪平,轻拿轻放,不能拉果,不能抛掷;果筐装运不能太满,堆积不宜过厚,以免滚落或压伤。运果时要尽量减少容器的更换次数。一般用以下几种采果方式。

**1. 竹竿敲打采收** 这是一种传统采收方式,只能用于加工果的采收,且当天采收当天进厂当天速冻或盐腌处理。采果时,先在树冠下面,铺上篷布,再以竹竿直接敲击树上的果实,使其落到篷布再收集起来。这种采果方式对果实和树体都会造成损伤,果实被敲打,造成机械伤,易变质腐烂。树体被敲打,会造成大量的断枝落叶,而且秋梢顶芽也会被打伤,造成翌年减产。但这种采收方法,速度快、工效高。

**2. 手工摘果采收** 用于鲜食果或保鲜贮藏果的采收方式。用长梯靠上树冠,人踏梯而上,果实一粒一粒地摘。这种方法,不会对树体和果实造成机械损伤,有利于鲜果贮运和保鲜,但工效低,成本高,而且对人也不安全。

鲜食保鲜贮藏用果采收注意事项:①手工采摘,轻采、轻拿、轻放。②运输过程尽量避免振动,长途运输要防日晒雨淋,搬运轻拿轻放。③果筐内部要有柔软的垫层;如果用布袋之类装果实,尽量减少搬动次数,且不要多层堆放。④果实堆放处要遮阴不被日晒。⑤从田间入库前要及时用清水加洗洁精洗果处理。⑥剔除掉落地上和采后被日晒过的果实。

**3. 药剂催果采收** 据报道,用40﹪的乙烯利300倍液加0.2﹪中性洗衣粉作黏着剂,喷果4天后,振动枝干,果实催落率大于99﹪。这种方法有一定的风险,药剂浓度控制得当,对橄榄的果实、树体无不良影响,倘若控制不当,则效果不佳;浓度太低,催果没有作用,浓度太高,则会造成落叶,降低翌年产量。要慎重使用,建议在使用该方法之前应先试验,找出最佳采收期和乙烯利使用浓度。

**4. 机械采收** 运用机器采摘橄榄果实，以便获得商品化橄榄果实。先用机器进行采摘，然后运往果园内进行机器筛选，把果、叶筛选出来，最后将筛选好的果实运往加工厂进行加工销售。

# 十二、果实贮藏保鲜

随着橄榄种植面积的扩大、培育技术的改进、投产面积的增加、单位面积产量及价格的提高，橄榄鲜果的总产量及总价值也在迅速增加。但橄榄果皮薄，怕干燥，采后极易失水皱缩，又忌高温高湿，果实较不耐贮藏，鲜果在常温下易变色、劣变和失水皱缩，严重影响了橄榄果实的外观品质。因此，橄榄果实采后的保鲜技术也就成了生产上亟待解决的问题。为了减少损失，增加效益，需在采后及时采取适当的保鲜措施。据研究，橄榄的贮藏适温为8～10℃，相对湿度90％～95％。

目前，橄榄果实采后保鲜技术的研究热点主要涉及橄榄鲜果包装、冷藏、防腐剂处理、涂膜剂及外源乙烯处理等。其中冷藏保鲜是橄榄果实生产应用上较为广泛的保鲜技术。为此，本部分就近年来橄榄采后贮藏内容加以总结，主要包括影响橄榄果实耐贮性的因素、采后处理技术对橄榄果实贮藏保鲜的效果、橄榄贮藏保鲜方法、橄榄保鲜贮运实用技术规程等4个方面。

## （一）影响橄榄果实耐贮性的主要因素

影响橄榄采后果实耐贮性的因素有很多，主要包括品种、采收期及采收方式。

**1. 橄榄品种**　品种之间的差异是影响采后橄榄果实品质和货架期的重要因素之一。因为橄榄品种的不同，果实的形态结构不一样，其营养成分的含量也就不一样。但果实的形态结构特点及营养成分的含量与果实采后品质、生理、耐贮性、抗病性有很大的关系。林河通报道，橄榄果实外果皮的角质层较厚，果肉外层机械组织层细胞型小而且细胞壁厚，层次多，果肉薄壁细胞和厚壁细胞两型细胞差异不大，且小型厚壁细胞量多，细胞壁厚，橄脂道腔大，分布近果沿皮部且密集，因此具有较好的抗病性和耐藏性；对于不同橄榄品种果实的形态结构及其营养成分的含量的研究结果表明：霞溪本、刘族本、檀香橄榄的保鲜期较长，杂本和中长营次之，惠圆与小长营比厝后本和大长营短。

肖振林（1997）为探讨不同橄榄品种在常温下贮藏的效果，以檀香、长营、惠圆、自来圆 4 个品种为试材，用聚乙烯薄膜袋装后，分别于室温下贮藏 30 天、70 天、110 天，测定果实腐烂率、失重率、生理生化变化和外观、品质的变化。结果表明：4 个品种贮后 110 天，平均腐烂率为 20.5%，平均失重率为 2.1%，其中以长营品种最耐贮藏。在贮藏过程中，外观特征变化不大，但品质风味变好，长营、自来圆的变化最为明显。

陈蔚辉（2010）比较不同品种橄榄果实的采后贮藏效果，以粤东地区常见的橄榄品种：下院、丁香、香种为试材，于常温下贮藏 9 天，每天测定果实的外观品质、含水量、失重率和营养品质的变化。结果表明：3 个品种贮后 7 天，外观品质明显下降，品种间差异不大，平均好果率为 34.7%，平均含水量为 73.5%，平均失重率为 31.1%；总体感官评价，前期鲜食以下院最好、丁香最差，后期以香种最好、下院最差；维生素 C 含量变化差异显著，可溶性固形物含量均呈上升趋势，蛋白质和有机酸含量则呈下降趋势，品种间差异不显著。

林毅雄（2016）通过对福建省 2 个主栽橄榄品种长营和惠圆果实的贮藏性差异进行比较研究。结果表明：2 个品种的橄榄果实呼吸强度在贮藏 0～60 天内上升，贮藏 60 天之后下降；果实细胞膜透性、失重率和果皮褐变指数都随着贮藏时间的延长而上升；果实好果率随着贮藏时间的延长而下降。但长营和惠圆橄榄果实的耐贮性不同。在同一贮藏期间，惠圆橄榄果实的呼吸强度、细胞膜透性和果皮褐变指数都高于长营橄榄果实，而好果率则低于长营橄榄果实。据此认为，长营橄榄果实比惠圆果实耐贮性更好，其原因可能与长营橄榄果实可以保持较低的呼吸强度和较完整的细胞膜结构有关。

**2. 采收期** 采收期的不同也会影响橄榄果实的耐贮性。因此要因橄榄不同品种果实及其用途不同而采用不同的适宜采收期。用于贮藏的橄榄果实一般要在完全成熟前适当提早采收。林河通等研究表明，完全成熟前（约九成熟）的橄榄果实贮藏期间果实呼吸强度变化小、营养成分变化小、品质较好、细胞膜透性变化小、固酸比下降少、维生素 C 损失较少、单宁物质氧化消耗较少，具有较好的耐贮性，比中、晚期采收的果实较耐贮藏。

孔祥佳等（2016）针对檀香橄榄果实冷藏期间易发生冷害现象，研究了 7 个采收期在（2±1）℃、相对湿度 85%～90% 条件下冷藏橄榄果实冷害的影响。结果表明：与在 2013 年 9 月 7 日（白露）、2013 年 9 月 23 日（秋分）、2013 年 10 月 8 日（寒露）、2013 年 10 月 23 日（霜降）、2013 年 11 月 22 日（小雪）、2013 年 12 月 7 日（大雪）采收的果实相比，在 2013 年 11 月 7 日（立冬）采收的橄榄果实能保持冷藏橄榄果实较低的冷害指数、果皮褐变指数、果实质量损失率和较高的好果率。

**3. 采收方式** 采收方式的不同所引起的机械损伤程度也不一样。因此轻采轻放，减少机械损伤，对延长果实贮藏寿命，提高果品商业价值具有重要意义。橄榄果实的机械损伤会明显加速橄榄采后的衰老进程，影响橄榄果实的耐贮性。陈蔚辉等（2008）研究人工上树采摘、拦网采摘和自然掉果三种采收方式造成的机械损伤对橄榄采后贮藏的影响，结果表明，随着贮藏时期的延长，自然掉果和拦网采摘的橄榄，果实的可溶性糖含量和失重率呈线性增加，有机酸和维生素 C 的含量减少，多酚氧化酶（PPO）、过氧化物酶（POD）和过氧化氢酶（CAT）活性上升，呼吸强度快速上升，细胞膜透性增大，酚类物质被氧化并加速了果实的衰老进程，果实的耐贮性较低；人工上树采摘的果实的耐贮性较高，拦网采摘的果实次之。

## （二）采后处理技术对果实贮藏保鲜的效果

**1. 包装** 张福平（1998）研究单果包装对橄榄果实耐贮性的影响的结果表明：单果包装贮藏对橄榄果实外观及品质的保持具有较好的作用。今后的工作可以从单果包装材料筛选、整体包装设计以及材料包装前预处理等方面做更深入的研究，以便更进一步地提高橄榄贮藏后的商品价值。

研究不同的包装材料也就应运而生了。但不同的包装材料对于橄榄的贮藏效果具有重要影响，潘东明等研究发现采用 0.025～0.080 毫米厚的聚乙烯薄膜进行包装能够提高橄榄果实的好果率，其中以 0.04～0.06 毫米厚度最为适宜；同时还发现，采用聚乙烯薄膜包装的橄榄果实以每袋 0.5～1.0 千克半敞口包装的贮藏效果最好。林革等研究不同包装材料及不同贮藏温度对下溪本橄榄的贮藏效果的影响，结果表明，采用聚乙烯袋加冷藏 8～10℃的贮藏方式贮藏效果较好，贮藏至 6 个月好果率达 96％以上，果实的总酸、可溶性固形物、总糖均能保持较高的含量。陈莲等（2005）通过研究不同厚度聚乙烯（PE）薄膜袋、不同包装材料及包装方式对檀香橄榄果实保鲜效果的影响。结果表明：包装材料以 0.060 毫米厚的 PE 袋为好；薄膜打孔的包装方式保鲜效果最好；（8±1）℃保鲜75 天，好果率 96.40％，失重率 0.64％，果实仍鲜绿、饱满，具有新鲜果实的原有风味、颜色和品质；用 PE 袋包装可以有效地抑制橄榄果实失水，从而延长果实保鲜期。

**2. 保鲜剂处理** 不同化学保鲜剂的处理对于橄榄果实贮藏前后期具有不同的影响。潘东明等研究 25％戴挫霉乳油剂、戴挫霉乳油剂＋保鲜剂Ⅱ号＋果亮、戴挫霉乳油剂＋保鲜剂Ⅱ号、50％甲基硫菌灵 750 倍液等 8 种不同的防腐保鲜剂对橄榄果实贮藏效果的影响。结果表明,使用戴挫霉乳油剂＋保鲜剂Ⅱ号(戴挫霉作为防腐剂、保鲜剂Ⅱ号作为护色剂),能够有效地减缓叶绿素的降解,使果实保持鲜绿。然而二氧化硫缓放剂处理的果实在后期保鲜效果不佳,果实被漂白,颜色由绿色变为浅黄色,好果率低。

姜油树脂含有挥发性姜精油、姜酮、姜酚等植物天然成分,是一种安全、环保的天然保鲜剂,能有效保持果蔬采后贮藏品质,抑制果蔬采后病害发生和延长果蔬保鲜期。因此姜油树脂对橄榄果实贮藏保鲜的研究也逐渐成为热点。陈团伟(2018)以长营橄榄果实为材料,研究姜油树脂对采后橄榄果实的抑菌效果和贮藏品质的影响。结果表明:与对照相比,姜油树脂可显著抑制侵染所致橄榄果实采后病害发生,其中姜油树脂的最佳抑菌剂量为 30 微升/毫升;30 微升/毫升的姜油树脂处理可显著降低橄榄果实病害指数和果皮褐变指数,延缓橄榄果实可溶性固形物、可溶性总糖、可滴定酸、维生素 C、总酚及类黄酮含量的下降,较好保持采后橄榄果实的外观颜色和营养品质。

叶清华(2018)以长营橄榄为材料,用从竹叶与松针中提取的总黄酮作为天然保鲜剂处理橄榄果实,模拟货架期室温贮藏,研究竹叶和松针黄酮提取液对橄榄果实的保鲜效果。结果表明:橄榄果实在贮藏过程中,色泽变化不大,光泽度和饱满度略有降低,后期果实皮表略微皱缩;不同浓度的松针黄酮提取液均可在一定程度上保持橄榄好果率,有利于延长橄榄果实的货架贮藏期。

**3. 涂膜剂处理** 不同涂膜剂对于橄榄果实均有较好的保鲜效果,但对贮藏后的橄榄果实品质和风味产生不同的影响。林河通(1994)以福建省主栽鲜食品种檀香橄榄为材料,探讨涂膜剂处理对橄榄果实贮藏保鲜的效果。结果表明:各种涂膜剂处理橄榄果实均能较好地保持橄榄的风味和品质,达到一定的防腐保鲜效果,其中用 1％ 黄原胶＋ 20 毫克/千克 GA3 处理的果实防腐效果最好,在 10 ℃下贮藏 80 天，好果率为 89.50 ％，比对照组高 18.67 ％，防腐效果 65.25 ％，果实仍鲜绿饱满、肉质脆嫩，较好地保持了新鲜果实的原有风味和品质，可以进一步开发利用。

**4. 物理方法处理**　陈蔚辉（2010）利用家用微波炉对采后橄榄果实进行 20 秒的微波处理，观察处理后的橄榄果实品质及其贮藏寿命。结果表明：微波处理能有效地保持橄榄果实外观品质，减缓了果实含水量、有机酸、维生素 C 和蛋白质含量的下降，室温贮藏 9 天后，橄榄的好果率比对照提高了 7.5 ％。

孔祥佳等（2011）以福建省主栽橄榄品种长营橄榄果实为材料，研究不同贮藏温度下橄榄果实呼吸强度、细胞膜透性和品质的动态变化规律。结果表明：(8±1)℃可作为长营橄榄果实在生产上推荐使用的贮藏温度，在此低温下贮藏可避免橄榄果实冷害的发生并能较好地保持果实品质。

孔祥佳等（2012）以福建省主栽橄榄品种研究檀香橄榄果实为材料，研究经 38℃热空气处理 30 分钟的橄榄果实在（2±1)℃下冷藏期间的冷害发生情况、LOX 活性和膜脂脂肪酸组分的变化规律。结果表明：（2±1)℃冷藏会促进橄榄果实果皮 LOX 活性上升，降低果皮不饱和脂肪酸相对含量，增加果皮饱和脂肪酸相对含量，从而降低果皮膜脂脂肪酸的不饱和程度，导致果实抗冷性下降；38℃热空气处理 30 分钟通过降低（2±1)℃下冷藏橄榄果实果皮 LOX 活性而减少膜脂不饱和脂肪酸的降解，维持较高的膜脂脂肪酸不饱和程度，从而增强橄榄果实抗冷性、减轻冷藏橄榄果实冷害的发生。

杜正花（2014）以长营、福榄 1 号果实为材料，探讨冷激与紫外处理对橄榄果实采后品质的影响。结果表明：冷激、UV-C 综合处理对并没有对长营果实起到明显的保鲜效果；且降低了福榄 1 号果实中 ASA 含量及 SOD 活性，减弱了其果实的抗氧化能力，加剧了褐变果实的发生。

总的来说，橄榄果实采后耐贮性的研究进展对橄榄采后果实品质具有重要意义。因此，要针对不同品种的橄榄果实的耐贮性，采用不同的贮藏方法，以提高果实采后品质。

## （三）贮藏保鲜方法

由于橄榄的外果皮和中果皮紧密相连，食用时一般不去皮而直接食用，因此不能使用有损人体健康的杀菌剂来处理。

**1. 化学防腐法** 果实采收后，剔除劣果、伤病果等，再用饮用水消毒片（次氯酸钙）或漂白粉水溶液清洗果实，或用戴挫霉 1 毫升/升＋保鲜剂Ⅱ号 100 毫克/升洗果，或 0.1%高锰酸钾和 0.1%硼酸混合液中浸泡 3 分钟；洗净果蒂处流胶，阴凉通风处晾干。

**2. 塑料薄膜袋贮藏** 将经清洗防腐并晾干的橄榄果实，装入 0.04～0.05 毫米厚的高压聚乙烯薄膜袋中，加入适量乙烯吸收剂，置于 8～10℃冷库贮藏，或阴凉、温度稳定的仓库或民房常温贮藏。

**3. 乙烯吸收剂** 用蛭石作为载体，先将其浸泡在高锰酸钾溶液，捞起后晾干，再用具孔塑料复合膜袋或透气性材料（无纺布等）包装备用。

**4. 竹篓贮藏果实** 采收后，先进行选果，剔除劣果、伤果和病果等，再进行适当的防腐处理，最后用竹篓内衬草纸、大蕉叶，装入果后，上面铺香、大蕉叶或草纸并加盖。如果贮藏得当，1 个多月后果实色、形、味基本不变，果肉酥脆爽口。

**5. 缸藏** 先在缸底铺一层厚约 2 厘米的松针，或青竹叶、鲜榄叶，后装入橄榄果，装至近满时在果面上再铺上松针，或青竹叶、山蕉叶，然后密盖之。每隔 7～10 天检查一次，剔除烂果，好果继续贮藏。

**6. 植物次生代谢物法** 用 30 微升/毫升的姜油树脂浸泡橄榄

果实 10 分钟可显著降低橄榄果实病害指数和果皮褐变指数，延缓橄榄果实可溶性固形物、可溶性总糖、可滴定酸、维生素 C、总酚及类黄酮含量的下降，较好保持采后橄榄果实的外观颜色和营养品质。

## （四）橄榄保鲜贮运实用技术规程

**1. 采收时间** 保鲜果九成熟时采收，一般在 11 月中旬至 12 月上旬。

**2. 采收方法** 手工精细采果，禁止竹竿敲打。

**3. 采后处理** 一般要进行洗果和发汗。据研究，咪鲜胺、特克多、抑霉唑、瑞毒霉、混合杀菌剂、瑞毒锌锰、多菌灵、甲基硫菌灵、$NaHCO_3$、漂白粉等有一定的防腐作用，可在采后防腐处理中使用，但使用后果实的农药残留量要在限定的范围内。采果后用甲基硫菌灵 1 克/升或戴唑霉乳油 1 毫升/升＋保鲜剂Ⅱ号 100 毫克/升洗果可有效地减缓叶绿素的降解，使果实保持鲜绿；其次，45％咪鲜胺水乳剂 1500 倍液能有效降低发病率；最后，防腐剂洗果时可适量加入果蔬洗洁精，并将果蒂处流出的果胶清洗干净，该方法已为商业性贮藏所接受。洗果后将果实放于阴凉处晾干，发汗 3～5 天，至果面稍微失水。

**4. 包装处理** 包装，剔除病虫果、并按大小进行分级，然后进行包装。潘东明等报道，机械伤果后装入 0.04～0.05 毫米高压聚乙烯保鲜袋中，均能不同程度地提高好果率。保鲜袋两面各打 2 个直径 0.3 厘米的小孔，每袋 0.5～1.0 千克，半敞口；或者用塑料罐，每罐装 0.25～0.5 千克，且罐底和罐盖各打 1～2 个直径 0.3 厘米的小孔；然后置于 48 厘米×35 厘米×17 厘米有孔塑胶箱中，堆垛贮藏，置于层架上贮藏，果实装袋后单层排列。果箱堆码采用"品"字形，以利通风换气。

**5. 保鲜贮藏环境** ①低温冷藏：以低温冷藏效果最好，适宜温度为 6～10℃；如果温度过低，易产生冷害；贮藏 3 个月，好果率可达 92％以上；但冷藏的果实货架寿命较短，一般在 10 天左右。②常温贮藏：选择通风、阴凉、温度较稳定的地下场所，贮藏期间加强通风换气管理工作，一般采用昼关夜开窗门的做法调节温度。贮藏 3 个月好果率可达 90％以上，贮藏 5 个月好果率可达 85％以上，商品率 80％以上。常温贮藏货架寿命较长，到达 1 个月左右。

**6. 出库运输**　出库时再行一次检查、挑选、分级，剔除腐烂果，可根据客户的要求进行再包装。运输时，用低温冷藏车运输，同时应注意防晒、防挤压。

# 十三、新技术的应用

## (一) 果园生草，生态栽培

果园生草栽培是指果园株行间套种豆科或禾本科草种，或去除恶性杂草后让良性杂草自行生长的土壤耕作方式。果园生草栽培可以提高土壤的有机质，改良土壤结构；改善果园生态环境条件，调节地表水的平衡供应，保持土壤温度的相对稳定，抑制有害杂草；防治水土和肥料流失；有利于益虫生长繁殖，减少果树病虫害；促进土壤有益根际微生物的生长，延长果树根系活动时间；减少果园作业量，提高果实质量。此外，果园生草栽培还可进行果草牧结合，促进果园循环经济发展。

果园生草栽培有人工种草和自然留草两种方式。在草种选择上，要注意以下原则：

**1. 人工种草**　要因地制宜选用草种，一般选择适应性强，植株矮小，生长迅速，鲜草量大，覆盖期长，再生能力强，耐践踏，固氮能力强，根系发达，茎叶密集的草种，最好是豆科草种和禾本科草种混种。可选用的草种有百喜草、白三叶草、藿香蓟、商陆、黑麦草以及豆科植物等。

**2. 自然留草**　草种可利用当地的杂草资源配套种植，最好选用生长容易，生草量大，矮秆、根浅，与果树无共同病虫害，且有利于果树害虫天敌及微生物活动的杂草，如野艾蒿、商陆等。

在我国果园耕作制度变革的背景下，余述 (2014) 通过对山地橄榄园套种牧草羽叶决明，研究其对园区的土壤理化性状及橄榄产量的影响。结果表明，橄榄园套种牧草羽叶决明既可以显著改善土壤理化性质，也可以提高橄榄果实产量。

## （二）高位嫁接，更新换种

橄榄树遗传背景复杂，实生后代容易发生变异，对结果性能不佳的果园或植株，可以通过高接换种来更新品种，提高效益。也可用高接换种来繁育橄榄稀、优品种，以保持其遗传稳定性，加快选育种进程。

**1. 高接部位的选择与处理**　高接部位应根据树龄、树体高度、树干粗度等的情况而灵活掌握。一般嫁接部位在主干或接近主干处，接穗成活后生长旺盛。但由于主干组织老化，嫁接成活率较低，且伤口愈合慢。反之，如果高接部位在主枝、副主枝或远离主干的侧枝上，则伤口小，成活率较高，但长势中等。

一般 3～5 年生树，在主干离地 30～80 厘米左右处嫁接；5～10 年生树，可将主枝或副主枝分别在离主干 30～40 厘米处锯断，进行骨干枝嫁接；10～15 年生树，一般在径粗 3～8 厘米的副主枝或侧枝上嫁接。高接时，最好留 1～2 条略下垂的侧枝作为辅养枝，以保持树体地下、地上部的营养与水分的供给平衡。

**2. 接穗的选择**　采集接穗的母树必须选择丰产、稳产、优质的，遗传稳定的成年嫁接树，不要采集实生树，取用实生树枝条做接穗，嫁接的后代性状会发生分离，母树丰产、稳产、优质性状得不到完全遗传。嫁接穗采树冠中部 1～2 年生枝条，截成 30 厘米长的接穗，20～30 枝一捆，箱装或薄膜袋装，装箱（或袋）空隙处填满苔藓或湿锯末，填充物湿度以手握能成团、松手能散开为度。接穗最好采集后当天接完，若需较长时间贮运，必须保存在低温或阴凉处，保存最长不超过 5 天。

**3. 高接时期**　在福州地区，3 月上旬到 4 月中旬，选无西北风晴天，气温稳定在 18～25 ℃之间进行高接，5 月上旬之前完成补接。补接时，如遇气候干旱，可在嫁接前 2～3 天树盘灌水。

**4. 高接方法**　目前生产上橄榄一般用嵌接和切接法。潘云辉等（2004 年）报道，四川泸州在橄榄高接换种上首次采用双芽刀皮切接法，成活率高达 92％。不管采用哪种方法，砧树和接穗的削切、嵌合、固定过程都要求快速、准确，尽量缩短暴露于空气中的时间，以防止砧树和接穗的单宁氧化，影响嫁接成活率。

**5. 接后管理**　橄榄高接后的管理，对高接的成败是至关重要的，要及时检查是否愈合，10～15 天检查若发现接穗萎缩干枯就要补接。嵌接树接穗萌发抽梢任其在薄膜内或套袋内生长，直到新梢顶部顶出薄膜或顶住袋顶并卷曲生长时才在新梢处挑破薄膜袋一个小口，让新梢破袋而出。接穗新梢生长到 20 厘米以上时要及时将新梢绑缚固定在支柱上，支柱固定直到第二年，以防因嫁接口愈合未牢被风吹裂或田间耕作时碰裂。

高接换种是品种更新改良最快速最有效的途径，是改造橄榄低产园行之有效的措施。利用高接换种技术一方面优化了橄榄品质，另一方面间接提高了橄榄单产，同时也矮化了树体。

## （三）生长调节剂

由于橄榄的开花结果消耗了树体大量的养分和内源激素，且福州地区橄榄开花期经常遇到梅雨、高温等异常天气，导致橄榄落花落果严重，进而造成橄榄产量低下。因此如何进行保花保果成为橄榄低产园改造所面临的一个新课题。许多研究结果表明，应用植物生长调节剂可以防止落花落果，提高果树着果率，改善果实品质，增加产量。目前，在果树保花保果上应用较多的植物生长调节剂种类主要有 $GA_3$、2, 4-D、NAA、PP3、芸薹素等。

余述（2013）在橄榄初花期，通过利用 $GA_3$、芸薹素、2, 4-D 等 3 种常用植物生长调节剂及其不同剂量对橄榄坐果率的影响进行研究，发现不同浓度、不同种类的植物生长调节剂对橄榄保果的效应不同，在橄榄现蕾初花期使用 3 种植物生长调节剂均会不同程度地提高橄榄坐果率，处理效果因植物生长调节剂种类而异，依次为 GA3＞芸薹素＞2，4-D。同一种类的植物生长调节剂不同使用浓度处理效果也不同，并非浓度越高，处理效果越佳。在 $GA_3$ 的 5 种处理浓度中，以 10.0 毫克/升的处理效果最理想，与对照相比，达到极显著水平；随后随着浓度的升高，处理效果越差。在芸薹素的 5 种处理浓度中，以 2000 倍液的处理效果最佳，浓度过高时（1000 倍液）着处理效果不如对照：在 2，4-D 的 5 种处理浓度中，以 20.0 毫克/升的处理效果最理想，而浓度过高（30.0 毫克/升、40.0 毫克/升）或过低时，处理效果均不如其。

许长同（2008）试验研究了化学生长延缓剂多效唑、比久、乙烯利不同时期和不同浓度树冠处理橄榄未结果幼树的控梢促花效应。结果认为：

**1. 不同生长延缓剂的控梢作用**　乙烯利、多效唑、比久对橄榄幼树的春梢生长都有较强的抑制作用，以乙烯利最强，缩短春梢长度 34％，减小梢径 10％，控梢有效期 4～5 个月；多效唑次之，缩短春梢长度 34％，控梢有效期 3～4 个月；再次比久，缩短春梢长度 25％，控梢有效期 2～3 个月。乙烯利、多效唑、比久对树高、树茎影响不大，多效唑、比久对树冠投影面积影响也不大外，但乙烯利在春梢萌发前 2～3 月使用对树冠投影面积有较大影响，缩小了 20％。

**2. 不同生长延缓剂的促花、提高坐果率和增产作用**　多效唑和比久对橄榄未结果幼树有极其明显的促进花量增加、提高坐果率和增加产量作用，与对照相比花量增加 30％左右，坐果率提高 35％左右，单株产量由 1.3 千克增到 2.2 千克提高 67％；而乙烯利却相反，明显地抑制了开花、降低了坐果率和产量，有花枝率、坐果率和产量分别下降 12％、33％和 15％。从使用时期来说，多效唑和比久在 10～11 月和 2～3 月这两段时间效果最好，从橄榄的生物学特性来说，这两段处于橄榄花芽生理分化期和形态分化期开始略前或刚开始期。也就是说橄榄花芽生理分化期和形态分化期开始略前或刚开始期使用多效唑和比久促花增产效果最好，2～3 月使用比 10～11 月使用效果更好。

**3. 多效唑不同浓度的控梢促花增产作用**　4 种浓度对橄榄幼树都有控梢促花增产作用，但以 1 000 毫克/千克浓度处理效果最好，缩短春梢、提高坐果率和产量分别为 28％、55％和 100％，1 500 毫克/千克与 500 毫克/千克浓度处理效果相近。

应用植物生长调节剂能有效提高橄榄坐果率，从而间接提高了橄榄产量，对改造橄榄低产园具有重要的现实意义，但使用植物生长调节剂时应注意结合树体管理方可取得良好效果。

# 十四、优质丰产栽培典例

　　福建省闽侯县南屿镇农业果场橄榄生产基地，果园建在丘陵山地坡度 $10°\sim25°$ 的山地上，红壤，海拔 $50\sim120$ 米，面积 13.3 公顷。1998 年以鱼鳞坑方式建园，1999 年春种植 1 年生两段式营养袋苗，长营品种，每公顷平均栽植 300 株；2001 年小树嫁接惠圆 1 号品种，同时平整建立等高梯田，并扩穴改土，2003 年试产，株产 5 千克左右；2005 年全部投产，株产 15 千克左右；2007 年进入盛产期，株产 50 千克左右；亩产值 6 000 元左右。

## （一）整地建园

### 1. 整地

　　（1）清山规划建园前炼山，清除果园规划区内的所有植物，根据果园规划图与施工图，标记道路系统和排灌系统及附属建筑物的位置和走向，道路系统包含主、干、支路等，主路的条件为贯穿全园，位置适中，主路两侧建设支路，确保支路之间的距离不超过 100 米，便于肥料、果品等的运输，主路、干路和支路互相衔接，形成一个完整的道路网络，同时，园地里还要有利于果农做农活的人行小路。排灌系统以水源、坡路高低为根据，合理规划节水高效灌溉系统和排洪沟。附属建筑物主要指仓库、管理房、包装场、水池、粪池等，管理房与包装场等，建设在主干路与支路交会的中心位置，以便于果实采收、施肥等田间作业。然后修筑与外界公路接通主干道路，规划果园小区。采取人工爆破方式挖种植的鱼鳞坑。

　　（2）定点整台首先标记种植等高线，每间隔 6 米挖一个小平台，然后挖（人工炸药爆破）一个长、宽、深各 1 米的鱼鳞坑，鱼鳞坑建在等高线上，并从果园的最下面一条等高线做起，然后逐条上移，上一条等高线的鱼鳞坑与下一条等高线上的鱼鳞坑错位开挖，即挖在下一条鱼鳞坑两穴之间。等高线的水平间距 5 米左右，以保证等高线为主，根据山地坡度调整等高线的间距，等高线间距小于 3 米则断线，大于 10 米则加线。

（3）回填筑墩鱼鳞坑挖好后，晒台晒土 1～2 个月，风化土壤，然后分三层压入有机物，每层以山坡表面土覆盖，每穴最底层放入 10 千克鸡、鸭、猪毛，中间层 20 千克稻早、芦苇、绿肥等，上层 10 千克鸡、鸭、猪、羊粪等，土墩高出小平台 50 厘米左右待植。

**2. 定植**

（1）苗木选择嫁接亲和力高、愈合能力强的长营品种，营养袋两段式育苗的一年生实生苗，苗径粗 1 厘米以上，苗高 50～100 厘米，叶色浓绿，根系发达，侧根多，健壮无病虫害。

（2）定植穴下肥定植前，挖开定植墩呈直径 50 厘米左右内低外高的圆形环，环内下 5 千克经粉碎发酵的花生饼、菜籽饼等，加 1 千克的过磷酸钙或钙镁磷，与土壤充分搅拌后待植。

（3）苗木定植，元宵过后 1 个月内定植，将营养袋竖向割破，在定植穴内挖一个比营养袋稍大稍深的穴放入营养袋苗，覆土踩实，淋足定根水，使穴内的土壤充分湿透，最后覆上一层细土、杂草、绿肥等，以保湿并防止表土干裂。

（4）苗木定植后管理，要经常浇水，特别是定植后的半个月内，保证水分的充足供应，视土壤的干湿程度，每隔 2～3 天浇 1 次水，定植 1 个月后，每周浇水 1 次，直至新梢老化。同时树盘覆草，并在苗旁立柱固定。

## （二）第一年果园管理

### 1. 土、肥、水管理

（1）建立高等梯田第一年完成鱼鳞坑之间的平台修筑，先建立宽 1.5～2.0 米的台面，并将表层土壤堆放在平台中间，播种绿肥作物，以备扩穴改土用。

（2）苗木施肥 橄榄苗在第一次梢老熟后即可以施肥，这时苗木的根系还较弱，应采取薄肥勤施的原则，苗木春梢老化以后每月浇施 1 次 10 ％浓度的农家人粪或复合肥薄肥，直到翌年春季。

（3）树盘覆盖稻草、绿肥等，以保肥水，稳定土温，防止土壤冲刷，减少杂草等，增加土壤有机质。

**2. 整形修剪** 年底冬梢成熟后，种植一年的树苗高超过 1 米的，在离地面 1 米处短截，不到 1 米的则摘除顶芽，促进树苗分枝和增粗。

**3. 病虫害防治** 苗期主要以防治橄榄星室木虱为主。可在每梢萌发期间采用菊酯类农药如 10 ％氯氰菊酯 2 000～2 500 倍液、70 ％吡虫啉水分散性粒剂 3 000 倍液等间隔 15 天防治 1～2 次。

**4. 冬季防冻** 树苗期间，树冠较小，全树盖稻草或遮阳网，以防止冬季冻害。

## （三）第二年果园管理

### 1. 土、肥、水管理

（1）拓宽等高梯田 在第一年建立等高梯田的基础上，进一步横向拓宽梯台面至 2.5～3.5 米。

（2）种植绿肥 在橄榄树之间，利用建设梯台时留在台面上的山表土，种植花生、紫云英、印度豇豆、绿豆、黄豆等，也种植一部分蔬菜、西瓜。通过间种改善立地条件，可以充分利用土地，增加收入，还可以蓄养水分，提高土壤肥力，改善果园生态环境，保证橄榄正常生长，减少中耕除草和水土流失。

（3）施肥管理 幼龄树的施肥原则为勤施薄肥，每两个月施肥 1 次，每次新梢生长前后各施 1 次追肥，冬季施 1 次基肥。肥料可选用人粪尿、复合肥、尿素、土杂肥等。每株控制在纯氮 0.2～0.3

千克、纯磷 0.15～0.2 千克、纯钾 1.5～0.2 千克，人粪尿可施 25～50 千克。肥料施在树冠滴水线外两侧开 1/4 圆形施肥沟，沟深、宽各约 10～30 厘米，下次施肥换一边，均匀施肥后及时覆土。

**2. 整形修剪**　年底冬梢成熟后，种植两年的树苗离地面 50 厘米径粗超过 3 厘米的不做处理，待翌年嫁接；径粗达不到 3 厘米的，离地面 1.5 米处短截，不到 1 米的则摘除顶芽，促进树苗分枝和增粗。

**3. 病虫害防治**　苗期主要以防治橄榄星室木虱为主。

（1）冬季清园、剪除冬梢。在冬季修剪冬梢、枯枝、病虫枝，并翻耕培土，铲除田间杂草，铲除越冬场所，消灭越冬虫源。

（2）加强肥水管理、整齐放梢对果园要深翻施肥改土，冬季要追施有机肥，翌年春季适施一次速效肥，以促进春梢萌发，同时要加强肥水调控，控制抽梢期，抹除不整齐的新梢，使新梢整齐抽发，避免给橄榄星室木虱留下食物。增施磷、钾肥，以增强树势，促进新梢老化，增强抗虫能力。

（3）保护利用天敌橄榄星室木虱的天敌种类很多，尤其是瓢虫，对该虫的幼虫有巨大的捕食能力，往往在不知不觉之中起到了自然的控制作用，因此必须加强保护和利用，在进行化学防治时要选用对天敌毒性较低的高效低毒药剂，严禁使用甲胺磷、氧化乐果、水胺硫磷等高毒农药。

（4）药剂防治的关键是保护新梢，在每次新梢抽出约 3 厘米长时开始喷药，每周喷 1 次，共喷 2～3 次。选用的药剂要慎重，使用浓度要正确，橄榄对有机磷类农药比较敏感，容易造成药害，尽量避免使用，对柴油乳剂、石硫合剂等橄榄新叶也较敏感，容易产生落叶和药斑。使用 10 %快灭杀乳油 1 500 倍液或 13 %果虫杀乳油 1 000～1 500 倍液喷雾，效果较好，而且对橄榄新叶比较安全。

**4. 冬季防冻同第一年。**

## （四）第三年管理技术

**1. 小树嫁接**

（1）嫁接时间春季3～4月，气温稳定在18～25℃，选择天晴无雨无西北风的天气嫁接。

（2）嫁接对象离地面50厘米茎干粗度超过3厘米的实生小树。

（3）接穗选择惠圆1号品种，从丰产稳产的嫁接树上采1～2年生中部外围健壮无病虫害的枝条。

（4）嫁接方法茎干粗度5厘米以上，在50厘米处截主干，采取嵌接。茎干粗度3～5厘米，50厘米处截主干采取切接或留主干腹接。采取腹接的接穗长出5～10厘米新梢时截掉主干。

**2. 土、肥、水管理**

（1）扩穴改土秋、冬季时，对种植穴两侧台面扩穴改土，不留隔墙挖宽1.0米、深0.8米、长适度的壕沟，分2～3层回填稻草、有机肥、过磷酸钙、石灰等，株用量各为50千克、50千克、2.5千克、1.5千克，堆土起墩高约0.3米，以备穴土沉实。

（2）种植绿肥、施肥同第二年。

**3. 整形修剪**　年底冬梢成熟后，嫁接苗离地面高超过1.2米的，在1.2米处短截；不足1.2米的则不短截，待春梢或夏梢成熟超过1.2米后短截。并在主干0.8～1.2米段选留分布均匀的2～3条分枝作为主枝培养，留芽原则是去弱留强、去内留外、去下留上。

**4. 病虫害防治**　冬季防冻同第二年。

## （五）第四年管理技术

**1. 土、肥、水管理**

（1）扩穴改土秋、冬季时，对种植穴内侧台面扩穴改土，不留隔墙挖宽0.8～1.0米、深0.8米、长适度的壕沟，分2～3层回填稻草、有机肥、过磷酸钙、石灰等，株用量各为 50 千克、50 千克、2.5 千克、1.5 千克，堆土起墩高约 0.3 米，以备穴土沉实。

（2）种植绿肥同第二年。

（3）施肥管理夏、秋、冬梢生长前后 10～15 天各施一次肥，每次施 N∶P∶K（15∶15∶15）复合肥 0.5～1.0 千克，肥料施在树冠滴水线外两侧开 1/4 圆形施肥沟，沟深、宽各约 10～30 厘米，下次施肥换一边，均匀施肥后及时覆土。冬季施一次基肥，每株施花生、菜籽饼肥 10 千克左右，以后每两年施一次。

**2. 整形修剪**

（1）主枝开心圆头形梯台面宽大于 3 米的整形修剪采用主枝开心圆头形，在主干高度 50～120 厘米内选配不同方向的 2～3 条分枝，培养一级主枝，一级主枝留长 50～80 厘米短截，留 2～3 个分枝培养二级主枝，在一、二级主枝上培养结果枝组。将其余位置不当、密生、纤弱的枝分期疏除，使树冠成为主枝开心圆头形。

（2）变则主干型梯台面宽小于 3 米的整形修剪采取变则主干型，在主干高 1.0 米内配置 2～3 个主枝，培养为第一层主枝；顶端的主枝培养为变则主干，在变则主干高约 2.0 米时，再选留主枝 2～3 条，培养为第二层主枝；在一、二级主枝上培养结果枝组。

（3）回缩修剪：8 月上中旬对当年作为结果枝组培养的夏梢回缩 5～10 厘米，培养成熟的秋梢作为翌年结果母枝。

**3. 病虫害防治**

（1）冬季清园剪除病虫枝叶集中毁烧，全园喷一次倍量式波尔多液或 45％石硫合剂液体 120 倍液。

（2）虫害防治以防治橄榄星室木虱为主，在治木虱的同时可兼治其他同类和蛾类虫害。在每梢萌发期间采用菊酯类农药如 10％氯氰菊酯 2 000～2 500 倍液、70％吡虫啉水分散性粒剂 3 000 倍液、99％矿物油 200 倍液、20％木虱净 1500 倍液等间隔 15 天防治 1～2 次。化学药剂轮换使用，同药剂一年不超过 2 次，防止害虫产生抗性。

（3）病害防治：6 月中旬幼果期期全园喷一次广谱性杀菌剂，如 10％苯醚甲环唑 1 500 倍液、70 ％甲基硫菌灵、50 ％的多菌灵 1 000 倍液等。

**4. 防寒措施**　将橄榄树干刷白，利用塑料薄膜、稻草等材料进行覆盖，以此来减少有效辐射和植物的散热，减缓温度的降低。预计在寒流发生前 1～2 天，利用灌水提高土壤热容量，减少冻害。寒流时进行果园熏烟，来增加近地表的二氧化碳、水蒸气凝结核等，这样不仅有助于水蒸气凝结核释放潜热，而且通过这些颗粒发挥作用，吸收和阻碍地面长波辐射，并以大气逆辐射的方式返回热量，来减少因地面有效辐射下降的温度。

## （六）第五年管理技术

### 1. 土、肥、水管理

（1）施肥管理：施肥次数和施肥量取决于果园的土壤肥力、树冠大小、挂果量。树势壮旺挂果少，有徒长趋势的可不施或少量施肥；长势好结果量中等的只施 1 次肥；生势一般且当年挂果多的可施 2～3 次肥。施肥方法：以树冠外缘滴水线为施肥区，撒施或穴沟法施肥。

（2）间种橄榄树：种植株行距比较宽，橄榄树根系也较深，因此在树盘 1 米以外可套种绿肥、豆科作物、蔬菜及西甜瓜等作物。

（3）中耕除草 3～4 次，即清明、小暑、秋分、霜降各中耕除草 1 次，除下的草可翻埋土中，或作为覆盖材料。春夏雨后可犁耕 1 次，深 8～10 厘米，秋犁耕 1 次，深约 20 厘米，这对水土保持、防止杂草生长、促进根系向下生长都有一定的作用，除此之外还可采用化学除草。

（4）覆盖：可稳定地温，缩小土壤季节温差、昼夜温差及上下层的温差。据观察，在高温干旱季节，可以降低地表温度 3.4～

3.6℃，避免高温灼根；在冬季可以提高土温 2.3～3.0℃。覆盖还可以减少土壤的水分蒸发，提高土壤含水量；保护表土不被雨水冲刷，保持土壤疏松；提高土壤有机质和有效养分，利于土壤微生物活动；减少中耕除草的劳力。

（5）深翻：可加深土壤耕作层，改良土壤的理化性质，为根系生长创造良好的条件，促进根系向纵深伸展，有利于根系生长发育，提高其吸收能力，加强地上部养分同化作用，从而促使新梢生长健壮，叶色浓绿，促进树体生长和花芽形成，提高产量。深翻结合施肥，效果更明显。深翻一般结合间种在春种前进行，或在秋季进行。深翻方法可以采用全园深翻或扩穴改土等形式。深翻的同时清理后沟淤泥，台面整成前高内低反倾斜状，梯壁有崩塌的应及时修补。

**2. 整形修剪**

（1）培养结果枝组多主枝型在二、三级主、侧枝上培养结果枝组，树高控制在 4 米以下。变则主干型在 3.0 米可培养第三层主枝，并在一、二、三级主侧枝上培养结果枝组，树高控制在 5 米以下。

（2）回缩修剪是当年修剪的重点工作，8 月上中旬对夏梢回缩 5～10 厘米，培养成熟的秋梢作为翌年结果母枝。

（3）修剪控制树高和促进矮化，以疏剪为主，剪除枯枝、密闭交叉枝、病虫害枝条。

**3. 病虫害防治** 防寒措施同第四年。

# 主要参考文献

艾洪木，2003. 橄榄园节肢动物群落与主要害虫综合治理研究［D］. 福建农林大学.

蔡汉权，庄哲煌，李粉玲，等，2009. 橄榄下胚轴的愈伤组织诱导［J］. 湖北农业科学，48（5）：1035-1038.

蔡汉权，2004. 橄榄胚组织培养的初步研究［J］. 广西科学，11（4）：351-353.

蔡丽池，廖静思，陈清西，1996. CTK 和 2，4-D 对荔枝、橄榄果实的影响［J］. 福建果树（2）：4-6.

蔡选光，黄武强，赖初发，等，2001. 潮汕地区橄榄害虫调查初报［J］. 广东林业科技，17（4）：41-44.

曹茜，郑凌琳，2016. 福州地区橄榄灾害性天气发生与防范技术［J］. 农业开发与装备（10）：25＋30.

陈杰忠，2013. 果树栽培学各论［M］. 北京：中国农业出版社：141-142.

陈瑾，吴如健，胡菡青，等，2013. 福建橄榄瘿螨研究初报［J］. 福建农业学报，28（10）：1060-1062.

陈瑾，许长同，吴如健，等，2013. 福州地区橄榄病害及防治调查分析［J］. 中国园艺文摘（2）：41-43.

陈莲，林河通，瓮红利，等，2005. 橄榄果实的保鲜包装技术研究［J］. 包装与食品机械（4）：1-3＋9.

陈南泉，刘译蔓，林河通，等，2015. 橄榄果实采后病害和保鲜技术研究进展［J］. 包装与食品机械，33（2）：49-53.

邓振权，吴祖强，2003. 橄榄早结丰产栽培［M］. 广州：广东科技出版社.

福建植物志编写组，1982. 福建植物志. 第 2 卷［M］. 福州：福建科学技术出版社：381－382.

古锦汉，池辉云，陈如强，等，2000. 橄榄早实丰产栽培试验［J］. 经济林研究（2）：34-36.

广东省农业厅等，1985. 果树栽培［M］. 广州：广东科技出版社：28-34.

广东省农业委员会，等，1986. 柿子、橄榄栽培技术［M］. 广州：科普出版社广州分社：28-34.

何和明，2005. 橄榄开花授粉的生物学特性［J］. 蜜蜂杂志（10）：34.

侯平扬，黄喜文，李育斌，等，2005. 橄榄蛀果野螟的生物学特性及防治研究初报［J］. 广东农业科学（4）：62-63.

黄吉明，2006. 闽江上游北岸橄榄冻害及其预防［J］. 中国南方果树（5）：37.

黄建昌，2004. 李、橄榄、银杏、猕猴桃栽培［M］. 广州：广东科技出版社：42-43.

孔祥佳，林河通，陈雅平，等，2011. 低温贮藏对"长营"橄榄果实采后生理和品质的影响［J］. 包装与食品机械，29（2）：1-5.

孔祥佳，林河通，郑俊峰，等，2012. 热空气处理诱导冷藏橄榄果实抗冷性及其与膜脂代谢的关系［J］. 中国农业科学，45（4）：752-760.

林革，刘国强，黄飞龙，2003. "下溪本"橄榄的常温贮藏和冷藏效果比较试验［J］. 中国南方果树，32（6）：20-21.

林河通，洪启征，刘宜枫，等，1994. 橄榄涂膜剂贮藏效果的研究［J］. 福建果树（3）：13-16.

林宜茂，2018. 永泰县橄榄病虫害发生及绿色防控技术探讨［J］. 福建农业科技，（5）：43-45.

刘亨平，2005. 山地橄榄主要病虫害种类及其防治措施［J］. 林业调查规划（4）：112-114.

刘星辉，郑建木，吴丽真，1993. 橄榄的授粉生物学研究［J］. 中国果树（3）：7-9.

罗美玉，许长同，1994. 橄榄花性类型调查［J］. 福建果树（4）：31-33.

农业部发展南亚热带作物办公室，1998. 中国热带南亚热带果树［M］. 北京：中国农业出版社：158-159.

彭成绩，1996. 橄榄栽培技术［M］. 北京：金盾出版社.

蒲富慎，1990. 果树种质资源描述符：记载项目及评价标准［M］. 北京：中国农业出版社.

荣霞，2012. 橄榄离体种质保存及其分子机制的研究［D］. 福州：福建农林大学.

佘钿城，廖泽远，苏小丹，1999. 橄榄栽培技术［J］. 中国南方果树（2）：26-27.

韦晓霞，宋瑞琳，2000. 橄榄胚性愈伤组织的诱导初探［J］. 东南园艺（4）：9-11.

万继锋，熊双伟，吴如健，等，2014. 橄榄鲜食新品系"福榄2号"的主要性状及栽培技术要点［J］. 中国南方果树，43（4）：129-130，134.

吴惠姗，丘瑞强，刘炎昆，等，2007. 橄榄优质丰产稳产栽培技术［J］. 广东林业科技（1）：42-46.

吴如健，韦晓霞，潘少林，等，2009. 优质鲜食橄榄新品种"甜榄1号"选育研究［J］. 东南园艺（1）：1-3.

许长同，肖振林，朱宗良，等，2013. 橄榄鲜食新品种"清榄1号"选育初报［J］. 中国南方果树，42（3）：70-72.

许长同，肖振林，2017. 不同环割方法和环割时间对橄榄着果率的影响［J］. 中国南方果树，46（5）：47-49.

许长同，余述，2013. "惠圆3号"橄榄品种选育初报［J］. 中国南方果树，42（6）：107-108.

许长同，2017. 橄榄花而不实田间调查及原因分析［J］. 中国园艺文摘，33（1）：1-3.

许长同，等，1999. 橄榄栽培［M］. 北京：中国农业出版社.

许长同，等，1999. 橄榄栽培技术研究概述［J］. 柑橘与亚热带果树信息（2）：7-9.

杨惠文，江秀娜，2003. 橄榄早结丰产栽培技术［J］. 广东农业科学（4）：29-30.

杨志明，赵真忠，2004. 橄榄矮化早结树形的整形修剪［J］. 柑橘与亚热带果树信息，20（1）：29.

余述，2013. 闽侯橄榄园低产原因分析及改造研究［D］. 福州：福建农林大学.

余述，2014. 山地低产橄榄园良种嫁接研究［J］. 中国南方果树，43（1）：60-61.

余述，2014. 山地橄榄园生草栽培对土壤理化性状及产量的影响［J］. 中国南方果树（1）：48-50.

张绍升，肖荣凤，林乃铨，等，2002. 福建橄榄真菌性病害鉴定［J］. 福建农林大学学报（自然科学版）（2）：168-173.

赵金星，彭远琴，邱志浩，2017. 橄榄发育过程中风味物质的变化规律［J］. 热带作物学报（9）：170-174.

赵金星，2018. 橄榄果实发育过程风味物质变化及相关基因的表达分析［D］. 福建农林大学.

郑诚乐，许伟东，2006. 橄榄无公害栽培［M］. 福州：福建科学技术出版社.

郑玉忠，张振霞，洪伟忠，等，2010. 橄榄愈伤组织诱导体系的初步建立［J］. 中国南方果树，39（3）：49-51.

中国科学院中国植物志编辑委员会，1997. 中国植物志（第 43 卷第 3 分册）［M］. 北京：科学出版社：24－25.

中国农业科学院果树研究所，1960. 中国果树栽培学［M］. 北京：农业出版社.